四川省工程建设地方标准

四川省高寒地区民用建筑
供暖通风设计标准

Design Standard for Heating and Ventilation of
Civil Buildings in Sichuan Plateau-cold Zone

DBJ51/055 - 2016

主编单位：　中国建筑西南设计研究院有限公司
批准部门：　四 川 省 住 房 和 城 乡 建 设 厅
施行日期：　2 0 1 6 年 1 1 月 1 日

西南交通大学出版社

2016　成　都

图书在版编目（CIP）数据

四川省高寒地区民用建筑供暖通风设计标准 /中国建筑西南设计研究院有限公司主编. —成都：西南交通大学出版社，2016.5

（四川省工程建设地方标准）

ISBN 978-7-5643-4673-7

Ⅰ. ①四… Ⅱ. ①中… Ⅲ. ①寒冷地区－民用建筑－采暖设备－建筑设计－地方标准－设计标准－四川省②寒冷地区－民用建筑－通风设备－建筑设计－地方标准－设计标准－四川省③寒准地区－民用建筑－空气调节设备－建筑设计－地方标准－设计标准－四川省 Ⅳ. ①TU83-65

中国版本图书馆 CIP 数据核字（2016）第 092888 号

四川省工程建设地方标准

四川省高寒地区民用建筑供暖通风设计标准

主编单位　中国建筑西南设计研究院有限公司

责任编辑	胡晗欣
封面设计	原谋书装
出版发行	西南交通大学出版社 （四川省成都市二环路北一段 111 号 西南交通大学创新大厦 21 楼）
发行部电话	028-87600564　028-87600533
邮政编码	610031
网址	http: //www.xnjdcbs.com
印刷	成都蜀通印务有限责任公司
成品尺寸	140 mm × 203 mm
印张	4
字数	101 千
版次	2016 年 5 月第 1 版
印次	2016 年 5 月第 1 次
书号	ISBN 978-7-5643-4673-7
定价	32.00 元

各地新华书店、建筑书店经销

图书如有印装质量问题　本社负责退换

四川省住房和城乡建设厅
关于发布工程建设地方标准
《四川省高寒地区民用建筑供暖通风设计标准》
的通知

川建标发〔2016〕416号

各市州及扩权试点县住房城乡建设行政主管部门，各有关单位：

由中国建筑西南设计研究院有限公司主编的《四川省高寒地区民用建筑供暖通风设计标准》，经我厅组织专家审查通过，并报住房和城乡建设部审定备案，现批准为四川省工程建设强制性地方标准，编号为：DBJ51/055－2016，备案号为：J13304－2016，自2016年11月1日起在全省实施。其中，第5.2.1条，第5.3.8条，第5.4.3条，第5.4.7条，第5.6.2条，第5.6.4条，第6.1.7条，第6.2.8条，第6.2.13条，第6.2.20条，第6.2.22条，第7.1.3条，第7.1.6条，第7.4.2条，第8.1.5条第1、2、3、4款，第8.4.7条，第8.4.10条为强制性条文，必须严格执行。

该标准由四川省住房和城乡建设厅负责管理，中国建筑西南设计研究院有限公司负责技术内容解释。

四川省住房和城乡建设厅

2016年5月11日

前　言

本标准根据四川省住房和城乡建设厅关于下达《四川省工程建设地方标准〈高寒地区民用建筑供暖通风设计标准〉编制计划》的通知（川建标函〔2013〕254号文）的要求，由中国建筑西南设计研究院有限公司会同有关单位共同编制完成。

标准编制过程中，编制组经广泛调查研究，认真总结省内高寒地区工程实践经验，在广泛征求意见的基础上制定本标准，最后经审查定稿。

本标准共分8章4个附录，主要内容包括：总则、术语、室内空气设计参数、室外设计计算参数、供暖、通风、热源、检测与监控。

本标准中以黑体字标志的条文为强制性条文，必须严格执行。强制性条文第5.2.1条，第5.3.8条，第5.4.3条，第5.4.7条，第5.6.2条，第5.6.4条，第6.1.7条，第6.2.8条，第6.2.13条，第6.2.20条，第6.2.22条，第7.1.3条，第7.1.6条，第7.4.2条，第8.1.5条第1、2、3、4款，第8.4.7条，第8.4.10条引自《民用建筑供暖通风与空气调节设计规范》GB 50736－2012，第7.1.6、8.4.7条引自《太阳能供热采暖工程技术规范》GB 50495－2009。

本标准由四川省住房和城乡建设厅负责管理和对强制性

条文的解释，由中国建筑西南设计研究院有限公司负责具体技术内容的解释。执行过程中如有意见或建议，请寄送中国建筑西南设计研究院有限公司高寒地区暖通标准编制组（地址：四川省成都市天府大道北段 866 号；邮编：610041）。

主 编 单 位：中国建筑西南设计研究院有限公司

参 编 单 位：四川省建筑设计研究院

西南交通大学

主要起草人：戎向阳　杨　玲　刘明非　方　宇

雷　波　袁艳平　邹秋生　冯　雅

高庆龙　闵晓丹　司鹏飞　王　曦

主要审查人：刘　戈　王金平　罗　于　潘云钢

付祥钊　徐斌斌　易建军

目　次

1　总　则……………………………………………………… 1
2　术　语……………………………………………………… 3
3　室内空气设计参数………………………………………… 7
4　室外设计计算参数………………………………………… 8
5　供　暖……………………………………………………… 9
5.1　一般规定……………………………………………… 9
5.2　热负荷………………………………………………… 10
5.3　散热器供暖…………………………………………… 13
5.4　热水辐射供暖………………………………………… 15
5.5　风机盘管供暖………………………………………… 18
5.6　供暖水系统设计……………………………………… 18
6　通　风……………………………………………………… 23
6.1　一般规定……………………………………………… 23
6.2　通风设计……………………………………………… 24
7　热　源……………………………………………………… 30
7.1　一般规定……………………………………………… 30
7.2　空气源热泵…………………………………………… 31
7.3　锅　炉………………………………………………… 32
7.4　户式燃气炉和户式空气源热泵……………………… 33
7.5　太阳能集热/蓄热系统……………………………… 33

8 检测与监控 …… 41
8.1 一般规定 …… 41
8.2 传感器和执行器 …… 43
8.3 通风系统的检测与监控 …… 43
8.4 供暖系统的检测与监控 …… 44
附录 A 室外设计计算参数 …… 48
附录 B 集热器安装方位角与安装倾角修正系数 …… 54
附录 C 太阳能集热器平均集热效率计算方法 …… 57
附录 D 太阳能集热系统管路、水箱热损失率计算方法 …… 58
本标准用词说明 …… 60
引用标准名录 …… 61
附：条文说明 …… 63

Contents

1 General provisions ··· 1

2 Terms ··· 3

3 Indoor air design conditions ··· 7

4 Outdoor design conditions ··· 8

5 Heating ··· 9

5.1 General requirement ··· 9

5.2 Heating load calculation ··· 10

5.3 Radiator heating ··· 13

5.4 Hot water radiant heating ··· 15

5.5 Fan coil heating ··· 18

5.6 Heating pipeline design ··· 18

6 Ventilation ··· 23

6.1 General requirement ··· 23

6.2 Ventilation design ··· 24

7 Heating source ··· 30

7.1 General requirement ··· 30

7.2 Air source heat pump ··· 31

7.3 Boiler ··· 32

7.4 Unitary gas furnace & unitary air source heat pump 33

7.5 Solar collector loop & solar storage system ··· 33

8 Monitor & control ··· 41

8.1 General requirement ··· 41

8.2 Transducer and actuator ······ 43

8.3 Monitor and control of ventilation system ······ 43

8.4 Monitor and control of heating system ······ 44

Appendix A Outdoor design conditions ······ 48

Appendix B Solar collector installation position and installation angle correction factor ······ 54

Appendix C Calculation for average thermal efficiency of solar collector ······ 57

Appendix D Calculation for heat loss of pipeline and water tank in solar collector loop ······ 58

Explanation of Wording in this Standard ······ 60

List of quoted standards ······ 61

Addition: Explanation of provisions ······ 63

1 总 则

1.0.1 综合考虑四川省高寒地区气候、建筑及能源供应的特殊性，为在四川省高寒地区民用建筑供暖通风设计中贯彻执行国家技术经济政策，合理利用资源和节约能源，保护环境，促进先进技术应用，保证健康舒适的工作和生活环境，制定本标准。

1.0.2 本标准适用于四川省高寒地区新建、改建和扩建的民用建筑供暖、通风设计。

1.0.3 供暖、通风设计方案，应根据建筑物的使用功能、使用要求、负荷特点、气候条件以及能源状况等，结合国家有关安全、节能、环保、卫生等政策，通过经济技术比较确定。在设计中宜充分考虑可再生能源的利用，优先采用新技术、新工艺、新设备、新材料。

1.0.4 夏季供冷应优先采用通风方式，减少人工制冷方式的使用。

1.0.5 对有可能造成人体伤害的设备及管道，设计时应采取安全防护措施并符合相关标准的规定。

1.0.6 供暖、通风设计应设有设备、管道及配件所必需的安装、操作和维修空间，或在建筑设计时预留安装维修用的孔洞。对于大型设备及管道应提供运输和吊装的条件或设置运输通道和起吊设施。

1.0.7 供暖、通风设计应根据现有国家抗震设防等级要求，考虑防震或其他防护措施。

1.0.8 供暖、通风设计应考虑施工、调试及验收的要求。当设计对施工、调试及验收有特殊要求时，应在设计文件中加以说明。

1.0.9 供暖、通风设计除应符合本标准的规定外，尚应符合国家现行有关标准的规定。

2 术　语

2. 0. 1 高寒地区　plateau-cold zone

高寒地区是高海拔寒冷地区和高海拔严寒地区的总称。

高海拔寒冷地区：海拔高度在 1,000 m 以上、-10 °C<最冷月平均温度<0 °C、90 d<日平均温度小于等于 5 °C 的天数<145 d 的气候区域称为高海拔寒冷地区。

高海拔严寒地区：海拔高度在 1,000 m 以上、最冷月平均温度≤-10 °C、日平均温度小于等于 5 °C 的天数≥145 d 的气候区域称为高海拔严寒地区。

2. 0. 2 集中供暖　centralized heating

热源和散热设备分别设置，用热媒管道相连接，由热源向多个热力入口或热用户供给热量的供暖方式。

2. 0. 3 分散供暖　decentralized heating

由小型热源通过管道向多个房间供热的小规模供暖方式，或集热源和散热设备为一体的单体的供暖方式。

2. 0. 4 全面供暖　space heating

使整个房间保持所需温度而设置的供暖方式。

2. 0. 5 局部供暖　spot heating

使室内局部区域或局部工作地点保持所需温度要求而设置的供暖方式。

2. 0. 6 连续供暖　continuous heating

在供暖期内，连续向建筑物供热，以维持室内平均温度均能达到设计温度的供暖方式。

2.0.7 间歇供暖 intermittent heating

仅在建筑物工作时间内，维持室内平均温度均能达到设计温度的供暖方式。

2.0.8 值班供暖 non-working time heating

在非工作时间或中断使用的时间内，为使建筑物保持最低室温要求而设置的供暖。

2.0.9 太阳能供暖 solar heating

通过一定方式将太阳辐射能转换成热能的供暖方式。

2.0.10 主动式太阳能供暖 active solar heating

需要由耗能的机械部件（如泵和风机）加以驱动的太阳能供暖方式。

2.0.11 被动式太阳能供暖 passive solar heating

不需要任何耗能机械部件驱动就能实现太阳能供暖的方式。在建筑设计中指利用建筑布局、建筑构造与材料的选用有效吸收、蓄存和分配太阳能。

2.0.12 太阳能液体工质集热器 solar liquid collector

吸收太阳辐射并将产生的热能传递到液体传热工质的装置。

2.0.13 太阳能空气集热器 solar air collector

吸收太阳辐射并将产生的热能传递到空气传热工质的装置。

2.0.14 太阳能液体工质集热器供暖系统 solar heating system using solar liquid collector

使用太阳能液体工质集热器的太阳能供暖系统。

2.0.15 太阳能空气集热器供暖系统 solar heating system using solar air collector

使用太阳能空气集热器的太阳能供暖系统。

2.0.16 太阳能集热系统 solar collector loop

用于收集太阳能并将其转化为热能传递到蓄热装置的系统，包括太阳能集热器、管路、泵或风机（强制循环系统）、换热器（间接系统）、蓄热装置及相关附件。

2.0.17 直接式太阳能集热系统 solar direct system

在太阳能集热器中直接加热水供给供暖用户的太阳能集热系统，简称直接系统。

2.0.18 间接式太阳能集热系统 solar indirect system

在太阳能集热器中加热液体传热工质，再通过换热器由该种传热工质加热水供给供暖用户的太阳能集热系统，简称间接系统。

2.0.19 太阳能供暖系统贡献率 solar heating system fraction

在整个供暖季由主动式太阳能供暖系统所提供的总热量占供暖总热量的百分率。

2.0.20 太阳能集热器采光面积 aperture collector area

非会聚太阳辐射进入集热器的最大投影面积。

2.0.21 集热器倾角 tilt angle of collector

太阳能集热器与水平面的夹角。

2.0.22 集热器安装方位角 solar azimuth

集热器平面法线在水平面的投影与当地子午线（南向）的

夹角。集热器偏东时为负，偏西为正。

2.0.23 归一化温差 the normalized temperature difference

工质进口温度（或工质平均温度）和环境温度的差值与太阳辐照度之比，单位符号为 $m^2 \cdot K/W$ 。

2.0.24 临界归一化温差 the critical normalized temperature difference

当集热器吸收的太阳辐射能等于该时刻集热器向周边环境散失的热量时，所对应的归一化温差称为临界归一化温差。

2.0.25 有效集热量 effective solar heat

当归一化温差小于临界归一化温差时，太阳能集热器所吸收的太阳辐射能量与集热器散失到周围环境的能量之差，称为该时刻的有效集热量。

2.0.26 有效太阳辐射照度 effective solar radiation intensity

太阳能集热器获得有效集热量时刻所对应的太阳辐射照度值。

2.0.27 太阳能集热效率 the efficiency of solar collector

在稳态（或准稳态）条件下，集热器传热工质在规定时段内输出的能量与同一时段内入射在集热器上的太阳辐照量和集热面积的乘积之比。

3 室内空气设计参数

3.0.1 供暖室内设计温度应符合下列规定：

1 主要房间宜采用 18 °C ~ 24 °C；

2 房间值班供暖温度不应低于 5 °C。

3.0.2 确定主动式太阳能供暖系统的辅助热源容量时，供暖室内计算温度按以下原则确定：

1 医院、老人院、幼儿园、高级酒店等应按 3.0.1 条确定；

2 办公、商业等宜采用 15 °C；

3 居住建筑宜按 3.0.1 条确定；

4 机电用房及无人长期停留的辅助用房宜采用 5 °C。

3.0.3 设置供暖的民用建筑，冬季室内活动区的平均风速不宜大于 0.3 m/s。

3.0.4 采用辐射供暖方式时，室内设计温度宜降低 2 °C。

4 室外设计计算参数

4.0.1 室外设计计算气象参数应按本标准附录A采用。对于附录A未列入的地区，应按现行国家标准《民用建筑供暖通风与空气调节设计规范》GB 50736的规定进行计算确定。

4.0.2 最冷月水平面平均辐照度，应采用累年最冷月水平面日均总辐射量计算得到。

4.0.3 室外计算参数的统计年份宜取30年，最低不少于10年。

4.0.4 山区的室外气象参数应根据就地的调查、实测并与地理和气候条件相似的邻近台站的气象资料进行比较确定。

5 供 暖

5.1 一般规定

5.1.1 高寒地区的民用建筑应设置供暖设施。

5.1.2 除有废热、工业余热或地热等热源可利用的场所外，供暖方式应采用分散供暖或小型集中供暖。

5.1.3 位于太阳能资源丰富区域的民用建筑应优先利用太阳能供暖。并符合下列规定：

1 太阳能供暖应遵循被动技术优先、主动技术优化的设计原则；

2 采用太阳能供暖的建筑宜根据当地气候条件和室温保障要求，合理选择辅助热源或辅助供暖设施。

5.1.4 供暖热负荷计算时，室内设计参数应按本标准第 3 章确定；室外计算参数应按本标准第 4 章确定。

5.1.5 高寒地区设置供暖的公共建筑，在非使用时间内，应利用房间蓄热使室内温度保持在 0 °C 以上；当不能满足要求时，应按保证室内温度 5 °C 设置值班供暖。当工艺有特殊要求时，应按工艺要求确定值班供暖温度。

5.1.6 设置供暖的建筑物，其围护结构的传热系数和气密性指标等热工指标应符合国家及地方现行相关节能设计标准的规定。

5.1.7 建筑物的热水供暖系统应按设备、管道及部件所能承受的最低工作压力和水力平衡要求进行竖向分区设置。

5.1.8 条件许可时，集中供暖系统应按南北向分别设置环路。

5.1.9 供暖系统的水质应符合国家现行相关标准的规定。

5.1.10 对公共建筑经常开启的外门，应采取防止冷风侵入的措施。

5.2 热负荷

5.2.1 集中供暖系统的施工图设计，必须对每个供暖房间进行热负荷计算。

5.2.2 以被动式太阳能供暖为主的建筑，其辅助供暖系统的热负荷应通过动态负荷模拟计算确定。

5.2.3 采用主动式太阳能供暖的建筑，系统热负荷宜通过动态负荷模拟计算确定。其辅助热源的热负荷可按稳态负荷计算，室内计算温度应符合本标准第3.0.2条的规定。

5.2.4 当供暖系统采用非太阳能供暖系统或太阳能供暖系统的辅助热源选择时，热负荷可按稳态负荷计算。

5.2.5 冬季供暖通风系统的稳态热负荷应根据建筑物下列散失和获得的热量确定：

1 围护结构的耗热量；

2 加热由外门、窗缝隙渗入室内的冷空气耗热量；

3 加热由外门开启时经外门进入室内的冷空气耗热量；

4 通风耗热量；

5 通过其他途径散失或获得的热量。

5.2.6 围护结构的耗热量，应包括基本耗热量和附加耗热量。

5.2.7 围护结构的基本耗热量应按下式计算：

$$Q = \alpha FK(t_n - t_{wn}) \quad (5.2.7)$$

式中　Q——围护结构的基本耗热量（W）;

α——围护结构温差修正系数，按表 5.2.7 采用；

F——围护结构的面积（m^2）;

K——围护结构的传热系数[W/（$m^2 \cdot K$）];

t_n——供暖室内设计温度或室内计算温度（°C），按第 3 章采用；

t_{wn}——供暖室外计算温度（°C），按第 4 章采用。

注：当已知或可求出冷侧温度时，t_{wn} 一项可直接用冷侧温度，不再进行 α 值修正。

表 5.2.7　温差修正系数 α

围护结构特征	α
外墙、屋顶、地面以及与室外相通的楼板等	1.00
闷顶和与室外空气相通的非供暖地下室上面的楼板等	0.90
与有外门窗的不供暖楼梯间相邻的隔墙（1～6 层建筑）	0.60
与有外门窗的不供暖楼梯间相邻的隔墙（7～30 层建筑）	0.50
非供暖地下室上面的楼板，外墙上有窗时	0.75
非供暖地下室上面的楼板。外墙上无窗且位于室外地坪以上时	0.60
非供暖地下室上面的楼板。外墙上无窗且位于室外地坪以下时	0.40
与有外门窗的非供暖房间相邻的隔墙	0.70
与无外门窗的非供暖房间相邻的隔墙	0.40
伸缩缝墙、沉降缝墙	0.30
防震缝墙	0.70

5.2.8 与相邻房间的温差大于或等于 5 °C，或通过隔墙和楼板等的传热量大于该房间热负荷的 10%时，应计算通过隔墙或楼板等的传热量。

5.2.9 围护结构的附加耗热量应按其占基本耗热量的百分率确定。各项附加百分率宜按下列规定的数值选用：

1 朝向修正率：

1）北、东北、西北　　0～10%；

2）东、西　　－5%；

3）东南、西南　　－10%～－20%；

4）南　　－10%～－30%。

2 风力附加率：设在不避风的高地、河边、旷野上的建筑物，以及城镇中明显高出周围其他建筑物的建筑物，其垂直外围护结构宜附加 5%～10%。

3 当建筑物的楼层数为 n 时，外门附加值：

1）一道门附加值：$Q_w = Q_1 \times 65\% \times n$；

2）两道门（有门斗）附加值：$Q_w = Q_2 \times 80\% \times n$；

3）三道门（有两个门斗）附加值：$Q_w = Q_3 \times 60\% \times n$；

4）公共建筑的主要出入口按 500%。

注：其中 Q_1、Q_2、Q_3 分别为外门的基本热负荷。

5.2.10 除楼梯间外建筑的围护结构耗热量高度附加率，散热器供暖房间高度大于 4 m 时，每高出 1 m 应附加 2%，但总附加率不应大于 15%；地面辐射供暖的房间高度大于 4 m 时，每高出 1 m 宜附加 1%，但总附加率不宜大于 8%。

5.2.11 对于只要求在使用时间保持室内温度，而其他时间允许自然降温的建筑物，可按间歇供暖系统设计。其供暖热负荷应对围护结构耗热量进行间歇附加，附加率应根据保证室温的时间和预热时间等因素通过计算确定。间歇附加率也可按下列数值选取：

1 仅白天使用的建筑物，间歇附加率可取 20%；

2 对不经常使用的建筑物，间歇附加率可取 30%。

5.2.12 在确定分户热计量集中供暖系统的户内供暖设备容量和户内管道时，应考虑户间传热对供暖负荷的附加，但附加量不应超过 50%，且不应统计在集中供暖系统的总热负荷内。

5.2.13 全面辐射供暖系统的热负荷计算时，室内设计温度应符合本标准第 3.0.4 条的规定。局部辐射供暖系统的热负荷按全面辐射供暖的热负荷乘以表 5.2.13 的计算系数。

表 5.2.13 局部辐射供暖热负荷计算系数

供暖区面积与房间总面积的比值	≥0.75	0.55	0.40	0.25	≤0.20
计算系数	1	0.72	0.54	0.38	0.30

5.3 散热器供暖

5.3.1 散热器供暖系统应采用热水作为热媒；供回水温度应根据热源形式、房间热负荷等因素，经技术经济比较确定，且供水温度不宜大于 85 °C，供回水温差宜根据热源形式和供水温度，通过技术经济比较确定。

5.3.2 居住建筑室内供暖系统的制式宜采用垂直双管系统或

共用立管的分户独立循环双管系统，也可采用垂直单管跨越式系统；公共建筑供暖系统宜采用双管系统，也可采用单管跨越式系统。

5.3.3 垂直单管跨越式系统的楼层层数不宜超过6层，水平单管跨越式系统的散热器组数不宜超过6组。

5.3.4 选择散热器时，应符合下列规定：

1 应根据供暖系统的压力要求，确定散热器的工作压力，并符合国家现行有关产品标准的规定；

2 相对湿度较大的房间应采用耐腐蚀的散热器；

3 采用钢制散热器时，应满足产品对水质的要求，在非供暖季节供暖系统应充水保养；

4 采用铝制散热器时，应选用内防腐型，并满足产品对水质的要求；

5 安装热量表和恒温阀的热水供暖系统不宜采用水流通道内含有粘砂的铸铁散热器；

6 高大空间供暖不宜单独采用对流型散热器。

5.3.5 布置散热器时，应符合下列规定：

1 散热器宜安装在外墙窗台下，当安装或布置管道有困难时，也可靠内墙安装；

2 两道外门之间的门斗内，不应设置散热器；

3 楼梯间的散热器，应分配在底层或按一定比例分配在下部各层。

5.3.6 铸铁散热器的组装片数，宜符合下列规定：

1 粗柱型（包括柱翼型）不宜超过20片；

2 细柱型不宜超过25片。

5.3.7 除幼儿园、老年人和特殊功能要求的建筑外，散热器应明装。必须暗装时，装饰罩应有合理的气流通道、足够的通道面积，并方便维修。散热器的外表面应刷非金属性涂料。

5.3.8 幼儿园、老年人和特殊功能要求的建筑的散热器必须暗装或加防护罩。

5.3.9 确定散热器数量时，应根据其连接方式、安装形式、组装片数、热水流量、表面涂料等对散热量的影响，以及高寒工况密度变化对散热器散热量的影响，对散热器安装数量进行修正。

5.3.10 供暖系统非保温管道明设时，应计算管道的散热量对散热器数量的折减；非保温管道暗设时宜考虑管道的散热量对散热器数量的影响。

5.3.11 垂直单管和垂直双管供暖系统，同一房间的两组散热器，可采用异侧连接的水平单管串联的连接方式，也可采用上下接口同侧连接方式。当采用上下接口同侧连接方式时，散热器之间的上下连接管应与散热器接口同径。

5.4 热水辐射供暖

5.4.1 热水地面辐射供暖系统供水温度宜采用 35 °C ~ 45 °C，不应大于 60 °C；供回水温差不宜大于 10 °C，且不宜小于 5 °C；毛细管网辐射系统供水温度宜满足表 5.4.1-1 的规定，供回水温差宜采用 3 °C ~ 6 °C。辐射体的表面平均温度宜符合表 5.4.1-2 的规定。

表 5.4.1-1　毛细管网辐射系统供水温度（°C）

设置位置	宜采用温度
顶棚	25 ~ 35
墙面	25 ~ 35
地面	30 ~ 40

表 5.4.1-2　辐射体表面平均温度（°C）

设置位置	宜采用的温度	温度上限值
人员经常停留的地面	25 ~ 27	29
人员短期停留的地面	28 ~ 30	32
无人停留的地面	35 ~ 40	42
房间高度 2.5 m ~ 3.0 m 的顶棚	28 ~ 30	—
房间高度 3.1 m ~ 4.0 m 的顶棚	33 ~ 36	—
距地面 1 m 以下的墙面	35	—
距地面 1 m 以上 3.5 m 以下的墙面	45	—

5.4.2　确定地面散热量时，应校核地面表面平均温度，确保其不高于表 5.4.1-2 的温度上限值；否则应改善建筑热工性能或设置其他辅助供暖设备，减少地面辐射供暖系统负担的热负荷。

5.4.3　热水地面辐射供暖系统的地面基层直接与室外空气接触或与不供暖房间相邻时，必须设置绝热层。

5.4.4　热水地面辐射供暖系统地面构造，应符合下列规定：

1 与土壤接触的底层应设置绝热层；设置绝热层时，绝热层与土壤之间应设置防潮层；

2 潮湿房间的填充层上或面层下应设置隔离层。

5.4.5 毛细管网辐射系统供暖时，宜首先考虑地面埋置方式，地面面积不足时再考虑墙面埋置方式。

5.4.6 热水地面辐射供暖系统的工作压力不宜大于 0.8 MPa，毛细管网辐射系统的工作压力不应大于 0.6 MPa。当超过上述压力时，应采取相应的措施。

5.4.7 热水地面辐射供暖塑料加热管的材质和壁厚的选择，应根据工程的耐久年限、管材的性能以及系统的运行水温、工作压力等条件确定。

5.4.8 在居住建筑中，热水辐射供暖系统应按户划分系统，并配置分水器、集水器；户内的各主要房间，宜分环路布置加热管。

5.4.9 加热管的敷设间距，应根据地面散热量、室内设计温度、平均水温及地面传热热阻等通过计算确定。

5.4.10 每个环路加热管的进、出水口，应分别与分水器、集水器相连接。分水器、集水器内径不应小于总供、回水管内径，且分水器、集水器最大断面流速不宜大于 0.8 m/s。每个分水器、集水器分支环路不宜多于 8 路。每个分支环路供回水管上均应设置可关断阀门。

5.4.11 在分水器的总进水管与集水器的总出水管之间，宜设置旁通管，旁通管上应设置阀门。分水器、集水器上均应设置手动或自动排气阀。

5.5 风机盘管供暖

5.5.1 以太阳能集热器、热泵等设备为热源的低温热水供暖系统和间歇运行、热负荷指标大的建筑可采用风机盘管供暖。

5.5.2 风机盘管供暖的供水温度不应大于 60 °C。

5.5.3 风机盘管的风口布置及选型应根据供暖区的温度参数、允许风速、噪声标准、温度梯度以及空气分布特性（ADPI）等要求，结合内部装修、工艺或家具布置等确定。

5.5.4 风机盘管进行选型设计时，应根据设计工况和海拔高度进行换热能力修正。

5.5.5 宜选用出口余压低的风机盘管机组。

5.6 供暖水系统设计

5.6.1 供暖管道的材质应根据其工作温度、工作压力、使用寿命、施工与环保性能等因素，经综合考虑和技术经济比较后确定，其质量应符合国家现行有关产品标准的规定。

5.6.2 管道有冻结危险的场所，其散热末端的供暖立管或支管应单独设置。

5.6.3 供暖干管和立管等管道上阀门的设置应符合下列规定：

1 供暖系统的各并联环路，应设置关闭和调节装置；

2 当有冻结危险时，立管或支管上的阀门至干管的距离不应大于 120 mm；

3 供水立管的始端和回水立管的末端均应设置阀门，回水立管上还应设置排污、泄水装置。

5.6.4 当供暖管道利用自然补偿不能满足要求时，应设置补偿器。

5.6.5 供暖系统水平管道的敷设应有一定的坡度，坡向应有利于排气和泄水。供回水支、干管的坡度宜采用 0.003，不得小于 0.002；立管与散热器连接的支管，坡度不得小于 0.01；当受条件限制，供回水干管（包括水平单管串联系统的散热器连接管）无法保持必要的坡度时，局部可无坡敷设，但该管道内的水流速不得小于 0.25 m/s。

5.6.6 穿越建筑物基础、伸缩缝、沉降缝、防震缝的供暖管道，以及埋设在建筑结构里的立管，应采取预防建筑物下沉而损坏管道的措施。

5.6.7 当供暖管道必须穿越防火墙时，应预埋钢套管，并在穿墙处一侧设置固定支架，管道与套管之间的空隙应采用耐火材料封堵。

5.6.8 供暖管道不得与输送蒸汽燃点低于或等于 120 °C 的可燃液体或可燃、腐蚀性气体的管道在同一条管沟内平行或交叉敷设。

5.6.9 符合下列情况之一时，室内供暖管道应保温：

1 管道内输送的热媒必须保持一定参数；

2 管道敷设在管沟、管井、技术夹层、阁楼及顶棚内等导致无益热损失较大的空间内或易被冻结的地方；

3 管道通过的房间或地点要求保温。

5.6.10 室内热水供暖系统的设计应进行水力平衡计算，并应采取措施使设计工况时各并联环路之间（不包括共用段）的压力损失相对差额不大于15%。

5.6.11 室内供暖系统总压力应符合下列规定：

1 应满足室内供暖系统水力平衡的要求；

2 供暖系统总压力损失的附加值宜取10%。

5.6.12 室内供暖系统管道中的热媒流速，应根据系统的水力平衡要求及防噪声要求等因素确定，最大流速不宜超过表5.6.12的限值。

表5.6.12 室内供暖系统管道中热媒的最大流速（m/s）

室内热水管道管径DN（mm）	15	20	25	32	40	≥50
有特殊安静要求的热水管道	0.50	0.65	0.80	1.00	1.00	1.00
一般室内热水管道	0.80	1.00	1.20	1.40	1.80	2.00

5.6.13 热水垂直双管供暖系统和垂直分层布置的水平单管串联跨越式供暖系统，应对热水在散热器和管道中冷却而产生自然作用压力的影响采取相应的技术措施。

5.6.14 供暖系统供水干管末端和回水干管始端的管径不应小于DN20。

5.6.15 静态水力平衡阀或自力式控制阀的规格应按热媒设计流量、工作压力及阀门允许压降等参数经计算确定；其安装位置应保证阀门前后有足够的直管段，没有特别说明的情况下，阀门前直管段长度不应小于5倍管径，阀门后直管段长度不应小于2倍管径。

5.6.16 热水供暖系统应根据不同情况，设置排气、泄水、排污装置。

5.6.17 供暖系统的热源设备、循环水泵、补水泵、热量表等设备的入口管道上，应根据需要设置过滤器或除污器。

5.6.18 集中供暖系统采用变流量水系统时，循环水泵宜采用变速调节控制。

5.6.19 闭式循环水系统的定压和膨胀设计应符合下列规定：

1 定压点宜设在循环水泵的吸入口处，定压点最低压力应使管道系统任何一点的表压均高于当地大气压力 10 kPa 以上；

2 宜优先采用高位膨胀水箱定压；高位膨胀水箱及其管道应采取防冻措施；

3 当水系统设置独立的定压设施时，膨胀管上不应设置阀门；当各系统合用定压设施且需要分别检修时，膨胀管上应设置带电信号的检修阀，且各水系统应设置安全阀；

4 系统的膨胀水量应进行回收。

5.6.20 供暖热水系统的设计补水量（小时流量）可按系统水容量的 1%计算，补水点宜设置在循环水泵的吸入口处，当采用高位膨胀水箱定压时，应通过膨胀水箱直接向系统补水；采用其他定压方式时，如果补水压力低于补水点压力，应设置补水泵。补水泵设置应符合下列规定：

1 补水泵的扬程，应保证补水压力比补水点的工作压力高 30 kPa～50 kPa；

2 补水泵宜设置 2 台，补水泵的总小时流量宜为系统水容量的 5%～10%；

3　当仅设置 1 台补水泵时，宜设置备用泵。

5.6.21　在选配供暖系统的循环水泵时，应按现行国家标准《民用建筑供暖通风与空气调节设计规范》GB50736 计算循环水泵的耗电输热比 EHR，并应标注在施工图的设计说明中。

6 通　风

6.1 一般规定

6.1.1 民用建筑中应设置合理的通风措施，以消除室内有害物质及余热余湿。通风设计应从总体规划、建筑设计和工艺等方面综合考虑设计措施。

6.1.2 通风设计应首先采用自然通风消除建筑物余热、余湿和进行室内污染物浓度控制。当自然通风不能满足要求时，应采用机械通风或自然通风和机械通风结合的复合通风。

6.1.3 应防止室外污染空气通过通风系统损害室内环境。对于室外空气污染和噪声污染严重的地方，应设置合理的进风处理措施。通风方式应与其相适应。

6.1.4 对于室内余热较大的房间，当采用通风方式无法消除室内余热时，机械送风系统可设置空气冷却装置。空气冷却装置宜采用蒸发冷却技术或利用江水、湖水、地下水等天然冷源冷却。

6.1.5 设有机械通风的房间，其人员所需的新风量应满足现行国家标准《民用建筑供暖通风与空气调节设计规范》GB 50736 及《公共建筑节能设计标准》GB 50189 的相关要求。

6.1.6 对建筑物内放散热、蒸汽或有害物质的设备，宜采用局部排风。当不能采用局部排风或局部排风达不到卫生要求时，应辅以全面通风或采用全面通风。

6.1.7 凡属下列情况之一时，应单独设置排风系统：

1 两种或两种以上的有害物质混合后能引起燃烧或爆炸时；

2 混合后能形成毒害更大或腐蚀性的混合物、化合物时；

3 混合后易使蒸汽凝结并聚积粉尘时；

4 散发剧毒物质的房间和设备；

5 建筑物内设有储存易燃易爆物质的单独房间或有防火防爆要求的单独房间；

6 有防疫的卫生要求时。

6.1.8 建筑物的通风系统设计应符合国家现行防火规范要求。

6.2 通风设计

6.2.1 利用自然通风的建筑在设计时，应符合下列规定：

1 自然通风设计时，宜对建筑进行自然通风潜力分析，依照气候条件确定自然通风策略并优化建筑设计；

2 宜利用冬季日照并避开冬季主导风向；

3 宜有利于夏季自然通风。

6.2.2 自然通风应采用阻力系数小、噪声低、易于操作和维修的进排风口或窗扇。同时进排风口或窗扇应有关闭措施且具有良好的保温性能。

6.2.3 夏季自然通风用的进风口，其下缘距室内地面的高度不宜大于 1.2 m。自然通风进风口应远离污染源 3 m 以上；冬季自然通风用的进风口，当其下缘距室内地面的高度小于 4 m 时，宜采取防止冷风吹向人员活动区的措施。

6.2.4 采用自然通风的生活、工作的房间的通风开口有效面积不应小于该房间地板面积的 5%；厨房的通风开口有效面积不应小于该房间地板面积的 10%，并不得小于 0.60 m^2。通风开口应能随季节变化调节大小。

6.2.5 采用自然通风的建筑，自然通风量的计算应同时考虑热压以及风压的作用并按相关标准确定。

6.2.6 宜结合建筑设计，合理利用被动式通风技术，被动通风可采用下列方式：

1 当常规自然通风系统不能提供足够风量时或在冬季密闭房间需要通风换气时，可采用捕风装置加强自然通风；

2 当采用常规自然通风难以排除建筑内的余热、余湿或污染物时，可采用屋顶无动力风帽装置；

3 当建筑物利用风压有局限或热压不足时，可采用太阳能诱导等通风方式。

6.2.7 机械送风系统进风口的位置，应符合下列规定：

1 应设在室外空气较清洁的地点；

2 应避免进风、排风短路；

3 进风口的下缘距室外地坪不宜小于 2 m，当设在绿化地带时，不宜小于 1 m。

6.2.8 建筑物全面排风系统吸风口的布置，应符合下列规定：

1 当有害气体积存对使用空间可能造成危害或有爆炸危险时，位于房间上部区域的吸风口的上缘至顶棚平面或屋顶的距离不大于 0.4 m；

2 用于排除氢气与空气混合物时，吸风口上缘至顶棚平面或屋顶的距离不大于 0.1 m；

3　用于排出密度大于空气的有害气体时，位于房间下部区域的吸风口，其下缘至地板距离不大于0.3 m；

4　因建筑结构造成有爆炸危险气体排出的死角处，应设置导流设施。

6.2.9　全面通风的设计应符合下列规定：

1　同时放散余热、余湿和有害物质时，全面通风量应按其中所需最大通风量确定；多种有害物质同时放散于建筑物内时，其全面通风量的确定应符合现行国家标准的有关规定；且应满足人员卫生标准要求；

2　余热、余湿和有害物质数量不能确定时，全面通风量可根据类似房间的实测资料或经验数据按换气次数确定，也可按国家现行的各相关行业标准执行；

3　冬季全面通风设计应进行空气平衡计算。

6.2.10　局部排风的设计应符合下列规定：

1　对于有害气体、蒸发或粉尘等的发散源均应设置局部排风装置；

2　根据工艺及有害气体散发状况采用不同的排风罩或通风柜；

3　按照使用情况、有害气体性质等划分局部排风系统；

4　根据局部排风装置的形式和排放标准的要求设计排风量；

5　按相关标准确定净化处理措施；

6　排风口宜设置在建筑物顶端，且宜采用防雨风帽。

6.2.11　全面排风或局部排风系统的补风设计应符合下列要求：

1 夏季应尽可能利用室外新风自然补风；

2 冬季当房间室内温度无要求且室外空气直接进入室内不致形成雾气和在围护结构内表面不致产生凝结水时，宜采用自然补风；

3 次要房间冬季可利用建筑物内部非污染空气作为补风；

4 已计入热负荷的冷风渗透量应纳入冬季风量平衡计算；

5 冬季补风系统的送风温度宜采用 30 °C ～35 °C，并不应高于 70 °C。

6.2.12 对冬季全面通风进行空气平衡与热平衡计算时，应符合下列规定：

1 消除余热、余湿的全面通风设计，应采用冬季通风室外计算温度；

2 稀释有害物质的全面通风的进风设计，应采用冬季供暖室外计算温度；

3 允许短时过冷或采用间歇排风的场所可不遵循热平衡原则。

6.2.13 事故通风应根据放散物的种类，设置相应的检测报警及控制系统。事故通风的手动控制装置应在室内外便于操作的地点分别设置。

6.2.14 事故通风应符合下列规定：

1 可能突然放散大量有害气体或有爆炸危险气体的场所应设置事故通风。事故通风量宜根据放散物的种类、安全及卫生浓度要求，按全面排风计算确定，且换气次数不应小于 12 次/h；

2　放散有爆炸危险气体的场所应设置防爆通风设备；

3　事故排风宜由经常使用的通风系统和事故通风系统共同保证，当事故通风量大于经常使用的通风系统所要求的风量时，宜设置双风机或变频调速风机；但在发生事故时，必须保证事故通风要求；

4　事故排风系统室内吸风口和传感器位置应根据放散物的位置及密度合理设计；

5　事故排风的室外排风口应符合下列规定：

1）不应布置在人员经常停留或经常通行的地点以及邻近窗户、天窗、室门等设施的位置；

2）排风口与机械送风系统的进风口的水平距离不应小于 20 m；当水平距离不足 20 m 时，排风口应高出进风口，并不宜小于 6 m；

3）当排气中含有可燃气体时，事故通风系统排风口应远离火源 30 m 以上，距可能火花溅落地点应大于 20 m；

4）排风口不应朝向室外空气动力阴影区，不宜朝向空气正压区。

6.2.15　选择通风机时，应对其电动机的轴功率进行验算。

6.2.16　符合下列条件之一时，通风设备和风管应采取保温或防冻等措施：

1　所输送空气的温度相对环境温度较高或较低，且不允许所输送空气的温度有较显著升高或降低时；

2　需防止空气热回收装置结露（冻结）和热量损失时；

3　排出的气体在进入大气前，可能被冷却而形成凝结物堵塞或腐蚀风管时。

6.2.17 排除、输送有燃烧或爆炸危险混合物的通风设备和风管，均应采取防静电接地措施（包括法兰跨接），不应采用容易积聚静电的绝缘材料制作。

6.2.18 高寒地区机械送排风系统靠室外侧宜设置保温密闭风阀，并与风机联锁动作。

6.2.19 通风与热风供暖系统的风管布置，防火阀、排烟阀、排烟口等的设置，均应符合国家现行有关建筑设计防火规范的规定。

6.2.20 高温烟气管道应采取热补偿措施。

6.2.21 输送空气温度超过 80 °C 的通风管道，应采取一定的保温隔热措施，其厚度按隔热层外表面温度不超过 80 °C 确定。

6.2.22 可燃气体管道、可燃液体管道和电线等，不得穿过风管的内腔，也不得沿风管的外壁敷设。可燃气体管道和可燃液体管道，不应穿过通风、空调机房。

6.2.23 对于排除有害气体的通风系统，其风管的排风口宜设置在建筑物顶端，且宜采用防雨风帽。屋面送、排（烟）风机的吸、排风（烟）口应考虑冬季不被积雪掩埋的措施。

7 热　源

7.1 一般规定

7.1.1 供暖热源应根据建筑物规模、用途、建设地点的能源条件、结构、价格以及节能减排和环保政策的相关规定等，通过综合论证确定，并应符合下列规定：

1 有长期稳定可靠可供利用的废热、工业余热或地热的区域，供暖宜采用上述热源；

2 太阳能丰富地区且建筑无大量稳定卫生热水需求时，宜利用太阳能集热系统作为供暖热源。太阳能供暖系统应设置辅助热源，辅助热源宜采用空气源热泵；

3 不具备本条第1、2款的条件，供暖热源宜采用空气源热泵；

4 不具备本条第1、2、3款的条件，供暖热源可采用热水锅炉。

7.1.2 集中供暖主要热源设备台数和容量应符合下列规定：

1 热源设备台数和容量的选择应能适应供暖负荷季节变化规律，并使热源设备长时间在较高效率下运行；

2 热源设备台数不应少于两台；

3 其中一台因故停止工作时，剩余热源设备的设计容量应符合业主保障供暖量的要求，对于高原寒冷地区和高原严寒地区供暖，剩余热源设备的总供暖量分别不应低于设计供暖量的 65%和 70%。

7.1.3 供暖系统中的热源、水泵、末端装置等设备和管路及部件的工作压力不应大于其额定工作压力。

7.1.4 太阳能供暖系统类型的选择，应根据所在地区气候、太阳能资源条件、建筑物类型、建筑物使用功能、业主要求、投资规模、安装条件等因素综合确定。

7.1.5 太阳能供暖系统设计应充分考虑施工安装、操作使用、运行管理、部件更换和维护等要求，做到安全、可靠、适用、经济、美观。

7.1.6 太阳能供暖系统应根据不同地区和使用条件采取防冻、防结露、防过热、防雷、防雹、抗风、抗震和保证电气安全等技术措施。

7.1.7 空气源热泵机组室外机的设置，应符合下列规定：

1 确保进风与排风通畅，在排出空气与吸入空气之间不发生明显的气流短路；

2 避免受污浊气流影响；

3 噪声和排热符合周围环境要求；

4 便于对室外机的换热器进行清扫。

7.2 空气源热泵

7.2.1 空气源热泵机组的性能应符合国家现行标准的规定，并符合下列规定：

1 具有先进可靠的融霜控制，融霜时间总和不应超过运行周期时间的 20%；

2 冬季设计工况时机组性能系数（COP），热风机组不宜小于 1.80，热水机组不宜小于 2.00。

7.2.2 空气源热泵机组的有效制热量应根据室外供暖计算温度、湿度、机组本身融霜性能和海拔高度进行修正。

7.2.3 采用空气源热泵机组作为供暖系统的热源时，宜选用单热型的空气源热泵机组。

7.3 锅 炉

7.3.1 锅炉房的设置与设计应符合现行国家标准《锅炉房设计规范》GB 50041、《建筑设计防火规范》GB 50016 的有关规定以及工程所在地主管部门的管理要求。

7.3.2 除用锅炉自生蒸汽定压的热水系统外，承压热水锅炉的出水水压不应小于锅炉最高供水温度加 20 °C 相应的饱和压力。

7.3.3 承压热水锅炉应有防止或减轻因热水系统的循环水泵突然停运后造成锅水汽化和水击的措施。

7.3.4 选用的锅炉应适合高原气候条件的运行，锅炉在工程所在地的热效率不应低于现行国家标准《公共建筑节能设计标准》GB 50189 的有关规定。当供暖系统的设计回水温度小于或等于 50 °C 时，宜采用冷凝式锅炉。

7.3.5 高寒地区采用真空热水锅炉时，最高用热温度宜根据当地大气压力确定。

7.3.6 高寒地区采用常压热水锅炉作为供暖热源时，供暖系统设计应与此热源设备的实际出水温度相适应。

7.4 户式燃气炉和户式空气源热泵

7.4.1 居住建筑供暖时，宜采用户式空气源热泵或户式燃气炉供暖。采用户式空气源热泵供暖时，应符合本标准第 7.2 节规定。

7.4.2 户式燃气炉应采用全封闭式燃烧、平衡式强制排烟型。

7.4.3 户式燃气炉供暖时，供回水温度应满足热源要求；末端供水温度宜采用混水的方式调节。

7.4.4 选用的户式燃气炉应适合高原气候条件的运行，燃气炉在工程所在地的热效率应达到现行国家标准《家用燃气快速热水器和燃气供暖热水炉能效限定值及能效等级》GB 20665 中的 2 级能效标准。

7.4.5 户式燃气炉的排烟口应保持空气畅通，且远离人群和新风口。

7.4.6 户式空气源热泵供暖系统应设置独立供电回路，其化霜水应集中排放。

7.4.7 户式空气源热泵的有效制热量应按照本标准 7.2.2 条修正。

7.5 太阳能集热/蓄热系统

7.5.1 太阳能供暖系统中太阳能集热器的性能应符合现行国家标准《平板型太阳能集热器》GB/T 6424 和《真空管型太阳能集热器》GB/T 17581 的规定，正常使用寿命不应少于 10 年。其余组成设备和部件的质量应符合国家相关产品标准规定的要求。

7.5.2 民用建筑宜采用太阳能液体工质集热器供暖系统。当对室内温度保障要求较低且建筑层数不超过2层时，可采用太阳能空气集热器供暖系统。

7.5.3 太阳能集热系统设计应符合下列基本规定：

1 宜采用间接式太阳能集热系统；

2 太阳能集热系统管道应选用耐腐蚀和安装连接方便可靠的管材。

7.5.4 太阳能集热器的设置应符合下列规定：

1 太阳能集热器安装方位角宜在 –20° ~ +20°的朝向范围内设置；安装倾角宜选择在当地纬度 ~（当地纬度+25°）的范围内；

2 放置在建筑外围护结构上的太阳能集热器，在冬至日集热器采光面上的日照时数应不少于 4 h，前、后排集热器之间应留有安装、维护操作的足够间距，排列应整齐有序；

3 某一时刻太阳能集热器不被前方障碍物遮挡阳光的日照间距应按下式计算：

$$D = H \times \cot h \times \cos \gamma_0 \tag{7.5.4}$$

式中 D——日照间距（m）;

H——前方障碍物的高度（m）;

h——计算时刻的太阳高度角（°）;

γ_0——计算时刻太阳光线在水平面上的投影线与集热器表面法线在水平面上的投影线之间的夹角（°）;

4　太阳能集热器不得跨越建筑变形缝设置。

7.5.5　太阳能集热系统设计时，其太阳能集热器的采光面积宜按全年动态负荷模拟与技术经济分析计算确定，当辅助热源采用空气源热泵时，可按下列简化方法计算确定：

1　直接系统太阳能集热器采光面积按下式计算：

$$A_C = \frac{k_1 \cdot k_2 \cdot Q}{J_T \eta_{cd} (1 - \eta_L)} \qquad (7.5.5\text{-}1)$$

式中　A_C——直接系统太阳能集热器采光面积（m^2）；

Q——供暖计算负荷（W）；

J_T——集热器朝向正南，安装倾斜角度为40°时，供暖期平均有效太阳辐射照度（W/m^2），详见表7.5.5-2；

η_{cd}——基于采光面积的集热器平均集热效率（%），详见附录C；

η_L——管路、贮热水箱热损失率，详见附录D；

k_1——负荷修正因子，详见表7.5.5-1；

k_2——集热器安装方位角与安装倾角修正系数，详见附录B。

表7.5.5-1　负荷修正因子

地　点	红原	理塘	马尔康
全天采暖	0.70	0.70	0.50
白天采暖	0.30	0.25	0.10

表 7.5.5-2 供暖期平均有效太阳辐射照度

地点	红原	理塘	马尔康
供暖期平均有效太阳辐射照度 J_T (W/m^2)	850	720	600

2 间接系统太阳能集热器采光面积按下式计算：

$$A_{IN} = A_C \cdot (1+\alpha) \cdot (1+\beta) \quad (7.5.5\text{-}2)$$

式中 A_{IN}——间接系统太阳能集热器采光面积（m^2）；

A_C——直接系统太阳能集热器采光面积（m^2）；

α——储热水箱到热交换器的管路热损失率，一般可取 0.02 ~ 0.05；

β——考虑换热温差造成的集热损失，如表 7.5.5-3 所示。

表 7.5.5-3 换热温差造成的集热损失修正

地 点	红原	理塘	马尔康
修正因子 β	0.023	0.029	0.037

3 间接系统热交换器换热量按下式计算：

$$Q_{hx} = \frac{A_C \cdot q}{1000} \quad (7.5.5\text{-}3)$$

式中 Q_{hx}——间接系统热交换器换热量（kW）；

q——单位面积集热器换热量（W/m^2），如表 7.5.5-4 所示。

表 7.5.5-4 单位面积集热器换热量

地 点	红原	理塘	马尔康
单位面积集热器换热量（W/m^2）	750	600	500

7.5.6 太阳能集热系统设计时，应考虑集热器表面积灰对集热器效率的影响。

7.5.7 太阳能集热系统的设计流量应按下列公式和推荐的参数计算。

1 太阳能集热系统的设计流量应按下式计算：

$$G_S = g \cdot A_C \tag{7.5.7}$$

式中 G_S——太阳能集热系统的设计流量（m^3/h）；

g——太阳能集热器的单位面积流量[$m^3/(h \cdot m^2)$]；

A_C——太阳能集热器的采光面积（m^2）。

2 太阳能集热器的单位面积流量应根据太阳能集热器生产企业给出的数值确定。在没有相关技术参数的情况下，根据不同的系统，宜按表 7.5.7 给出的范围取值。

表 7.5.7 太阳能集热器的单位面积流量

系统类型	太阳能集热器的单位面积流量 $m^3/(h \cdot m^2)$
大型集中太阳能供暖系统（集热器总面积大于 100 m^2）	0.021 ~ 0.06
小型独户太阳能供暖系统	0.024 ~ 0.036
板式换热器间接式太阳能集热供暖系统	0.009 ~ 0.012
太阳能空气集热器供暖系统	36

7.5.8 太阳能集热系统宜采用自动控制变流量运行。

7.5.9 高寒地区应进行太阳能集热系统的防冻设计并符合下列规定：

1 太阳能集热系统采用的防冻措施宜根据供暖系统类型和集热系统类型参照表 7.5.9 选择；

表 7.5.9 太阳能集热系统的防冻设计选型

供暖系统类型		小型系统		大、中型系统	
太阳能集热系统类型		直接系统	间接系统	直接系统	间接系统
防冻设计类型	排空系统	●	●	—	—
	防冻液系统	—	●	—	●

注：表中“●”为可选用项。

2 采用排空方式防冻的太阳能集热系统，其排空运行应设自动控制。

7.5.10 太阳能集热系统设计时，其蓄热装置的蓄热容量可按下式计算确定：

$$V_S = \frac{l \cdot A_C}{1000} \tag{7.5.10}$$

式中 V_S——太阳能供暖系统蓄热水箱容积（m^3）；

l——单位太阳能集热器的采光面积的蓄水量（L/m^2），见表 7.5.10；

A_C——太阳能集热器的采光面积（m^2）。

表 7.5.10 单位太阳能集热器的采光面积的蓄水量

地　点	红原	理塘	马尔康
全天采暖	180 ~ 300	120 ~ 220	100 ~ 190
白天采暖	190 ~ 350	150 ~ 270	110 ~ 200

7.5.11 太阳能蓄热系统设计应符合下列基本规定：

1 应根据太阳能集热系统形式、系统性能、系统投资，供暖负荷和太阳能保证率进行技术经济分析，选取适宜的蓄热系统；

2 高寒地区宜采用短期蓄热系统；

3 太阳能供暖系统的蓄热方式，应根据蓄热系统形式、投资规模和当地的地质、水文、土壤条件及使用要求按表 7.5.11 进行选择；

表 7.5.11 蓄热方式选用表

系统形式	蓄热方式				
	贮热水箱	地下水池	土壤埋管	卵石堆	相变材料
液体工质集热器短期蓄热系统	●	●	—	—	●
空气集热器短期蓄热系统	—	—	—	●	●

注：表中“●”为可选用项。

4 蓄热水池不应与消防水池合用。

7.5.12 液体工质蓄热系统设计应符合下列规定：

1 应合理布置太阳能集热系统、供暖系统与贮热水箱的连接管位置，实现不同温度供热/换热需求，提高系统效率；

2 水箱进、出口处流速宜小于 0.04 m/s，必要时宜采用水流分布器；

3 地下水池应根据相关国家标准、规范进行槽体结构、保温结构和防水结构的设计；

4 贮热水箱和地下水池宜采用外保温，其保温设计应符合现行国家标准《民用建筑供暖通风与空气调节设计规范》GB 50736 及《设备及管道绝热设计导则》GB/T 8175 的规定。

7.5.13 卵石堆蓄热设计应符合下列规定：

1 空气蓄热系统的卵石堆蓄热器内的卵石含量为每平方米集热器面积 250 kg；卵石直径小于 10 cm 时，卵石堆深度不宜小于 2 m，卵石直径大于 10 cm 时，卵石堆深度不宜小于 3 m。卵石箱上下风口的面积应大于 8%的卵石箱截面积，空气通过上下风口流经卵石堆的阻力应小于 37 Pa；

2 放入卵石箱内的卵石应大小均匀并清洗干净，直径范围宜在 5 cm ~ 10 cm；不应使用易破碎或可与水和二氧化碳起反应的石头。卵石堆可水平或垂直铺放在箱内，宜优先选用垂直卵石堆，地下狭窄、高度受限的地点宜选用水平卵石堆。

7.5.14 相变材料蓄热设计应符合下列规定：

1 太阳能空气集热器供暖系统采用相变材料蓄热时，热空气可直接流过相变材料蓄热器加热相变材料进行蓄热；太阳能液体工质集热器供暖系统采用相变材料蓄热时，应增设换热器，通过换热器加热相变材料蓄热器中的相变材料进行蓄热；

2 应根据太阳能供暖系统的工作温度，选择确定相变材料，使相变材料的相变温度与系统的工作温度范围相匹配。

8 检测与监控

8.1 一般规定

8.1.1 供暖、通风系统应设置检测与监控设备或系统，并符合下列规定：

1 检测与监控内容可包括参数检测、参数与设备状态显示、自动调节与控制、工况自动转换、设备联锁与自动保护、能量计量、设备故障报警以及中央监控与管理等。具体内容和方式应更根据建筑物的功能与要求、系统类型、设备运行时间以及工艺对管理的要求等因素，通过技术经济比较确定；

2 系统规模大，供暖通风系统设备台数多且相关联各部分相距较远时，宜采用集中监控系统；

3 不具备集中监控系统的供暖、通风系统，应采用分散就地控制设备或系统。

8.1.2 供暖、通风系统的参数检测应符合下列规定：

1 反映设备和管道系统在启停、运行及事故处理过程中的安全和经济运行的参数，应进行检测；

2 用于设备和系统主要性能计算和经济分析所需要的参数，宜进行检测；

3 检测仪表的选择和设置应与报警、自动控制和计算机监视等内容综合考虑，不宜重复设置，就地检测仪表应设于便于观察的地点。

8.1.3 采用集中监控系统控制的动力设备，应设就地手动控制装置，并通过远程/就地转换开关实现远距离与就地手动控制之间的转换；远程/就地转换开关的状态应为监控系统的检测参数之一。

8.1.4 供暖、通风设备设置联动、联锁等保护措施时，应符合下列规定：

1 当采用集中监控系统时，联动、联锁等保护措施应由集中监控系统实现；

2 当采用就地自动控制系统时，联动、联锁等保护措施，应为自控系统的一部分或独立设置；

3 当无集中监控或就地自动控制系统时，应设置专门联动、联锁等保护措施。

8.1.5 热源机房和热源设备的能量计量应符合下列规定：

1 应计量燃料的消耗量；

2 应计量耗电量；

3 应计量集中供暖系统的供热量；

4 应计量补水量；

5 循环水泵耗电量宜单独计量。

8.1.6 中央级监控管理系统应符合下列规定：

1 应能以与现场测量仪表相同的时间间隔与测量精度连续记录，显示各系统运行参数和设备状态。其存储介质和数据库应能保证记录连续一年以上的运行参数；

2 应能计算和定期统计系统的能量消耗、各台设备连续和累计运行时间；

3 应能改变各控制器的设定值，并能对设置为"远程"状态的设备直接进行启、停和调节；

4 应根据预定的时间表，或依据节能控制程序自动进行系统或设备的启停；

5 应设立操作者权限控制等安全机制；

6 应有参数越限报警、事故报警及报警记录功能，并宜设有系统或设备故障诊断功能；

7 宜设置可与其他弱电系统数据共享的集成接口。

8.1.7 有特殊要求的热源机房、通风系统的检测与监控应符合相关规范的规定。

8.2 传感器和执行器

8.2.1 温度传感器、压力（压差）传感器、流量传感器等传感器的选择和设置，自动调节阀的选择应符合现行国家标准《民用建筑供暖通风与空气调节设计规范》GB 50736 的有关要求。

8.2.2 当仅以开关形式用于设备或系统水路切换时，应采用通断阀，不得采用调节阀。

8.3 通风系统的检测与监控

8.3.1 通风系统应对下列参数进行检测：

1 通风机的启停状态；

2 可燃或危险物泄漏等事故状态；

3 空气过滤器进出口静压差的越限报警。

8.3.2 事故通风系统的通风机应与可燃气体泄漏、事故等探测器联锁开启，并宜在工作地点设有声、光等报警状态的警示。

8.3.3 通风系统的控制应符合下列规定：

1 应保证房间风量平衡、温度、压力、污染物浓度等要求；

2 宜根据房间内设备使用状况进行通风量的调节；

3 机械送排风系统靠室外侧的保温密闭风阀应与风机联锁动作。

8.3.4 通风系统的监控应符合相关现行消防规范和本标准第6章的相关规定。

8.4 供暖系统的检测与监控

8.4.1 热水锅炉的监测与控制应满足现行国家标准《锅炉房设计规范》GB 50041的相关规定。

8.4.2 采用热泵机组做热源时，应对下列参数进行检测：

1 热泵机组冷凝器进、出口水温及压力；

2 热泵机组蒸发器进、出口水温及压力。

8.4.3 热泵机组宜采用由热量优化控制运行台数的方式；采用自动方式运行时，热水系统中各相关设备及附件与热泵机组应进行电气联锁，顺序启停。

8.4.4 蓄热系统应对下列参数进行检测：

1 蓄热装置的进、出口介质温度；

2 蓄热装置的液位；

3 调节阀的阀位；

4 蓄热量、供热量的瞬时值和累计值；

5 故障报警。

8.4.5 太阳能供暖系统的自动控制设计应符合下列基本规定：

1 太阳能供暖系统应设置自动控制。自动控制的功能应包括对太阳能集热系统的运行控制和安全防护控制、集热系统和辅助热源设备的工作切换控制。太阳能集热系统安全防护控制的功能应包括防冻保护和防过热保护；

2 控制方式应简便、可靠、利于操作。

8.4.6 太阳能系统运行和设备工作切换的自动控制应符合下列规定：

1 太阳能集热系统宜采用温差循环运行控制；

2 变流量运行的太阳能集热系统，宜采用设太阳辐照感应传感器（如光伏电池板等）或温度传感器的方式，应根据太阳辐照条件或温差变化控制变频泵改变系统流量，实现优化运行；

3 太阳能集热系统和辅助热源加热设备的运行宜采用定温控制。在贮热装置内的供暖介质出口处应设置温度传感器，当介质温度低于设定温度时，应通过控制器启动辅助热源加热设备工作，当介质温度高于设定温度时，辅助热源加热设备应停止工作。

8.4.7 太阳能系统为防止因系统过热而设置的安全阀应安装在泄压时排出的高温蒸汽和水不会危及周围人员的安全的位置上，并应配备相应的措施；其设定的开启压力，应与系统可耐受的最高工作温度对应的饱和蒸汽压力相一致。

8.4.8 太阳能系统安全和防护的自动控制应符合下列规定：

1 使用排空防冻措施的太阳能集热系统宜采用定温控制或定时控制。当太阳能集热系统出口水温低于设定的防冻执行温度或非工作时段，通过控制器启闭相关阀门完全排空集热系统中的水将其排回贮水箱；

2 水箱防过热温度传感器应设置在贮热水箱顶部，防过热执行温度应低于当地汽化温度且不高于 80 °C；系统防过热温度传感器应设置在集热系统出口，防过热执行温度的设定范围应与系统的运行工况和部件的耐热能力相匹配。

8.4.9 太阳能供暖系统宜设置能耗计量装置。

8.4.10 锅炉房、热泵机房、换热机房等热源机房，应设置供热量控制装置。

8.4.11 供暖系统的检测与监控应符合以下规定：

1 供暖系统应对下列参数进行检测：

1）室外空气温度；

2）供暖系统的供水和回水干管中的热媒温度和压力；

3）热交换器一两次侧进、出口温度及压力；

4）辐射供暖系统宜设辐射体表面温度检测；

5）分、集水器温度、压力（或压差）；

6）水泵进出口压力；

7）水过滤器的进出口静压差；

8）热泵机组、水泵等设备的启停状态。

2 变流量一级泵系统热泵机组定流量运行时，供暖水系统总供、回水管之间的旁通调节阀应采用压差控制；

3 二级泵和多级泵供暖水系统中，二级泵等负荷侧各级水泵运行台数宜采用流量控制方式，水泵变速宜根据系统压差变化控制；

4 集中监控系统与热源机组控制器之间宜建立通信连接，实现集中监控系统中央主机对热源机组运行参数的检测与监控。

8.4.12 供暖系统应具有室温调控功能。

附录 A　室外设计计算参数

表 A　室外设计计算参数

台站名称		石渠	若尔盖	德格	甘孜	白玉	色达	新龙
台站号		56038	56079	56144	56146	56147	56152	56251
台站信息	北纬（°）	32.98	33.58	31.73	31.62	31.22	32.28	30.93
	东经（°）	98.10	102.97	98.57	100.00	98.83	100.33	100.32
	海拔（m）	4201	3441.1	3199.3	3394.2	3261	3895.8	2999.2
	统计年份	1971—2000	1971—2000	1971—2000	1971—2000	1971—2000	1971—2000	1971—2000
年平均温度（°C）		−1.2	1.4	6.8	5.8	8.0	0.9	7.6
室外计算温度、湿度	供暖室外计算温度（°C）	−28.5	−19.1	−10.7	−16.2	−8.9	−21.5	−8.6
	冬季通风室外计算温度（°C）	−16.8	−13.0	−4.4	−7.6	−3.5	−13.4	−4.0
	夏季通风室外计算温度（°C）	18.2	20.8	26.0	24.6	27.9	19.9	28.1
	夏季通风室外计算相对湿度（%）	62	70	44	34	34	71	48

理塘	乾宁	新都桥	稻城	九龙	康定	马尔康	红原*	松潘*
56257	56265	56269	56357	56462	56374	56172	56173	56182
30.00	30.48	30.05	29.05	29.00	30.03	31.54	32.80	32.65
100.27	101.48	101.49	100.30	101.50	101.58	102.14	102.55	103.57
3950.5	3449	3246	3728.6	2993.7	2615.7	2664.4	3491.6	2850.7
1971—2000	1971—2000	1971—2000	1971—2000	1971—2000	1971—2000	1971—2000	—	—
3.5	4.6	5.4	4.7	9.1	7.1	8.6	—	—
-19.4	-10.8	-13.6	-14.0	-4.9	-6.5	-4.1	-14.6	-7.2
-13.3	-7.1	-7.4	-8.3	-1.0	-2.2	-0.6	-15.1	-6.1
19.9	21.1	21.8	22.6	24.3	19.5	22.4	15.6	20.4
40	74	66	38	60	64	53	59	50

续表 A

台站名称		石渠	若尔盖	德格	甘孜	白玉	色达	新龙
风向、风速及频率	夏季室外平均风速（m/s）	2.2	2.2	1.2	1.7	1.9	1.8	1.8
	夏季最多风向	NNW	E	SSW	W	—	NW	NNE
	夏季最多风向的频率（%）	17.1	21.1	29.7	32.5	—	14.1	34.0
	夏季室外最多风向的平均风速（m/s）	2.2	2.4	1.0	1.9	—	1.9	1.8
	冬季室外平均风速（m/s）	5.8	4.0	2.3	2.9	3.9	3.9	3.1
	冬季最多风向	SSW	WSW	SSW	SW	—	SW	WSW
	冬季最多风向的频率（%）	3.4	12.0	34.1	21.1	—	3.9	33.4
	冬季室外最多风向的平均风速（m/s）	2.2	1.7	1.0	1.6	—	1.6	1.3
	年最多风向	WSW	E	SSW	W	—	NW	NNE
	年最多风向的频率（%）	26.5	15.0	30.1	31.5	—	24.1	29.5
冬季日照百分率（%）		70	54	31	53	33	89	31

理塘	乾宁	新都桥	稻城	九龙	康定	马尔康	红原*	松潘*
1.7	1.4	1.3	1.8	2.4	2.9	1.1	2.2	1.2
SSE	—	—	S	SSE	SE	NW	N	SSW
16.8	—	—	19.2	58.1	21.0	9.0	12.0	9.0
1.7	—	—	1.8	2.5	5.5	3.1	—	—
3.4	2.5	4.0	4.0	5.4	3.1	1.0	1.7	1.3
SSW	—	—	SSW	SSE	ESE	NW	SW	NNE
5.9	—	—	6.0	49.9	26.0	10.0	10.0	15.0
1.7	—	—	1.7	2.5	5.6	3.3	3.5	2.6
WSW	—	—	WSW	SSE	ESE	NW	NNE	SSW
17.1	—	—	14.6	52.4	22.0	10.0	9.0	9.0
62	37	61	51	30	45	62	68	54

续表 A

台站名称		石渠	若尔盖	德格	甘孜	白玉	色达	新龙
大气压力	冬季室外大气压力（hPa）	608.9	668.3	686.5	673.4	700.8	619.9	695.5
	夏季室外大气压力（hPa）	613.7	671.9	687.3	675.3	700.8	623.9	696.3
设计计算用供暖期天数及其平均温度	日平均温度≤+5 °C 的天数	260	225	151	164	131	232	137
	日平均温度≤+5 °C 的起止日期	9.3—5.20	9.19—5.1	11.5—4.4	10.24—4.5	10.29—3.8	9.12—5.1	11.19—4.4
	平均温度≤+5 °C 期间内的平均温度（°C）	– 4.7	– 3.6	0.2	– 1.0	0.4	– 4.2	0.4
极端最高气度（°C）		14.5	17.4	21.2	21.8	22.9	16.3	21.9
极端最低气温（°C）		– 30.6	– 23.4	– 13.2	– 19.2	– 11.4	– 23.1	– 12
最冷月（1月）日照百分率（%）		68.6	69.5	46.9	69	53.5	63.7	55.6
最冷月（1月）气温日较差（°C）		16.9	18.9	16.7	16.4	18.7	20.2	19.6
最冷月水平面平均辐射照度 W/m^2		134.05	135.06	105.11	141.71	117.55	134.72	121.65

理塘	乾宁	新都桥	稻城	九龙	康定	马尔康	红原*	松潘*
627.8	667.8	667.9	645.3	713.2	741.6	733.3	660.6	720.0
631.4	670.7	670.3	647.8	714.0	742.4	734.7	666.4	721.0
198	182	171	180	106	145	122	227	162
9.17—4.3	10.23—4.22	10.17—4.5	10.9—4.6	11.21—3.6	11.06—3.30	11.06—3.07	9.29—5.13	10.27—4.6
- 1.7	- 1.3	- 0.5	- 1.3	2.1	0.3	1.2	—	—
16.9	17.6	17.3	17.9	21.1	29.4	34.5	26	30.0
- 22.6	- 13.4	- 19.8	- 19.3	- 7	- 14.1	- 16	- 36	- 20.7
80.8	73.8	77.7	83.3	59.4	—	—	—	—
16.5	18	19.7	19.5	17.3	—	—	—	—
166.53	119.56	120.85	175.03	131.93	109.42	101.7**	152.37**	92.68**

注："—"表示该项数据缺失；"*"表示该地区采用的是《中国建筑热环境分析专用气象数据集》(中国气象局气象信息中心气象资料室，清华大学建筑技术科学系主编）的数据；"**"表示采用的是典型气象年的数据。

附录B 集热器安装方位角与安装倾角修正系数

B. 0. 1 红原地区倾角与方位角修正系数可按表B.0.1选用：

表B.0.1 红原地区倾角与方位角修正系数

倾角＼方位角	-40	-35	-30	-25	-20	-15	-10	-5	0	5	10	15	20	25	30	35	40
30	1.25	1.21	1.18	1.15	1.13	1.11	1.10	1.09	1.09	1.09	1.09	1.10	1.11	1.12	1.14	1.17	1.20
35	1.20	1.16	1.13	1.10	1.08	1.06	1.05	1.04	1.04	1.04	1.04	1.05	1.06	1.07	1.10	1.12	1.15
40	1.17	1.13	1.10	1.07	1.04	1.03	1.01	1.01	1.00	1.00	1.00	1.01	1.02	1.04	1.06	1.09	1.12
45	1.15	1.11	1.08	1.04	1.02	1.00	0.99	0.98	0.98	0.97	0.98	0.99	1.00	1.02	1.04	1.07	1.10
50	1.15	1.10	1.07	1.03	1.01	0.99	0.98	0.97	0.96	0.96	0.97	0.97	0.99	1.00	1.03	1.06	1.09
55	1.15	1.11	1.07	1.03	1.01	0.99	0.97	0.96	0.96	0.96	0.96	0.97	0.98	1.00	1.03	1.06	1.09
60	1.17	1.12	1.08	1.05	1.02	1.00	0.98	0.97	0.97	0.96	0.97	0.98	0.99	1.01	1.04	1.07	1.10
65	1.20	1.15	1.11	1.07	1.04	1.02	1.00	0.99	0.98	0.98	0.99	1.00	1.01	1.03	1.06	1.09	1.13
70	1.25	1.19	1.15	1.11	1.07	1.05	1.03	1.02	1.01	1.01	1.02	1.02	1.04	1.06	1.09	1.12	1.16

注：本研究以安装方位角为正南、安装倾角为40°进行分析

B. 0. 2 理塘地区倾角与方位角修正系数可按表 B.0.2 选用：

表 B.0.2 理塘地区倾角与方位角修正系数

倾角＼方位角	−40	−35	−30	−25	−20	−15	−10	−5	0	5	10	15	20	25	30	35	40
30	1.22	1.19	1.16	1.13	1.11	1.10	1.09	1.08	1.07	1.07	1.08	1.08	1.10	1.11	1.13	1.15	1.18
35	1.18	1.15	1.12	1.09	1.07	1.05	1.04	1.03	1.03	1.03	1.03	1.04	1.05	1.07	1.09	1.11	1.14
40	1.16	1.12	1.09	1.06	1.04	1.02	1.01	1.00	1.00	1.00	1.00	1.01	1.02	1.04	1.06	1.09	1.12
45	1.15	1.11	1.07	1.04	1.02	1.01	0.99	0.99	0.98	0.98	0.99	0.99	1.01	1.02	1.04	1.07	1.10
50	1.15	1.11	1.07	1.04	1.02	1.00	0.99	0.98	0.97	0.97	0.98	0.99	1.00	1.02	1.04	1.07	1.10
55	1.16	1.12	1.08	1.05	1.02	1.00	0.99	0.98	0.98	0.98	0.98	0.99	1.00	1.02	1.04	1.07	1.11
60	1.18	1.14	1.10	1.06	1.04	1.02	1.00	0.99	0.99	0.99	0.99	1.00	1.01	1.03	1.06	1.09	1.13
65	1.22	1.17	1.13	1.09	1.06	1.04	1.03	1.02	1.01	1.01	1.02	1.02	1.04	1.06	1.08	1.12	1.15
70	1.28	1.22	1.18	1.14	1.11	1.08	1.07	1.05	1.05	1.05	1.05	1.06	1.08	1.10	1.12	1.16	1.20

注：本研究以安装方位角为正南、安装倾角为 40°进行分析

B. 0. 3 马尔康地区倾角与方位角修正系数可按表 B.0.3 选用：

表 B.0.3 马尔康地区倾角与方位角修正系数

倾角＼方位角	−40	−35	−30	−25	−20	−15	−10	−5	0	5	10	15	20	25	30	35	40
30	1.20	1.17	1.14	1.12	1.11	1.09	1.09	1.08	1.08	1.09	1.09	1.10	1.12	1.13	1.15	1.18	1.21
35	1.15	1.12	1.09	1.07	1.06	1.04	1.04	1.03	1.03	1.04	1.05	1.06	1.07	1.09	1.11	1.14	1.17
40	1.12	1.09	1.06	1.04	1.02	1.01	1.00	1.00	1.00	1.00	1.01	1.02	1.04	1.06	1.08	1.11	1.15
45	1.10	1.07	1.04	1.02	1.00	0.99	0.98	0.98	0.98	0.98	0.99	1.00	1.02	1.04	1.06	1.09	1.13
50	1.09	1.06	1.03	1.00	0.99	0.97	0.97	0.96	0.96	0.97	0.98	0.99	1.01	1.03	1.05	1.09	1.13
55	1.09	1.06	1.03	1.00	0.98	0.97	0.96	0.96	0.96	0.97	0.98	0.99	1.01	1.03	1.06	1.09	1.13
60	1.11	1.07	1.04	1.01	0.99	0.98	0.97	0.97	0.97	0.98	0.99	1.00	1.02	1.04	1.07	1.11	1.15
65	1.14	1.09	1.06	1.03	1.01	1.00	0.99	0.99	0.99	0.99	1.00	1.02	1.04	1.06	1.09	1.13	1.18
70	1.14	1.09	1.06	1.03	1.01	1.00	0.99	0.99	0.99	0.99	1.00	1.02	1.04	1.06	1.09	1.13	1.18

注：本研究以安装方位角为正南、安装倾角为 40°进行分析

附录C　太阳能集热器平均集热效率计算方法

C.0.1　基于采光面积的集热器平均集热效率可按下式计算：

$$\eta_{cd}=\frac{Q_y}{Q_f} \qquad (C.0.1\text{-}1)$$

式中　η_{cd}——基于采光面积的集热器平均集热效率（%）；

Q_y——供暖季单位面积集热器累计有效集热量（MJ/m^2）；

Q_f——供暖季单位面积累计太阳辐照量（MJ/m^2）；

$$Q_y=\sum\frac{3600J_h\cdot\eta_h}{10^6} \qquad (C.0.1\text{-}2)$$

$$Q_f=\sum\frac{3600J_h}{10^6} \qquad (C.0.1\text{-}3)$$

式中　J_h——集热器倾斜安装面逐时太阳辐照强度（可利用逐时水平面总辐射照度与散射辐射照度通过计算获得）（W/m^2）；

η_h——基于采光面积的集热器瞬时效率（由厂家提供）（%）。

C.0.2　若未能获得相关参数也可按照表C.0.2选取推荐值：

表C.0.2　平均集热效率推荐值

地　区	红原	理塘	马尔康
平均集热效率 η_{cd}	39.4%	40.0%	37.9%

注：表中安装方位角为0°（正南向），倾角为40°数值。

附录D　太阳能集热系统管路、水箱热损失率计算方法

D.0.1　管路、水箱热损失率η_L可按经验取值估算，η_L的推荐取值范围为：

短期蓄热太阳能供暖系统：10%～20%。

D.0.2　需要准确计算时，可按D.0.3～D.0.5条给出的公式迭代计算。

D.0.3　太阳能集热系统管路单位表面积的热损失可按下式计算：

$$q_l = \frac{t - t_a}{\frac{D_0}{2\lambda}\ln\frac{D_0}{D_i} + \frac{1}{a_0}} \qquad (D.0.3)$$

式中　q_l——管路单位表面积的热损失（W/m^2）；

D_i——管道保温层内径（m）；

D_0——管道保温层外径（m）；

t_a——保温结构周围环境的空气温度（°C）；

t——设备及管道外壁温度，金属管道及设备通常可取介质温度（°C）；

a_0——表面放热系数[W/(m²·°C)]；

λ——保温材料的导热系数[W/(m·°C)]。

D.0.4　贮水箱单位表面积的热损失可按下式计算：

$$q = \frac{t - t_{\mathrm{a}}}{\dfrac{\delta}{\lambda} + \dfrac{1}{a}} \tag{D.0.4-1}$$

式中　q——贮水箱单位表面积的热损失（$\mathrm{W/m^2}$）；

δ——保温层厚度（m）；

λ——保温层材料导热系数[W/(m·°C)]；

a——表面放热系数[W/(m^2·°C)]。

对于圆形水箱保温：

$$\delta = \frac{D_0 - D_i}{2} \tag{D.0.4-2}$$

D. 0. 5　管路及贮水箱热损失率 η_{L} 可按下式计算：

$$\eta_{\mathrm{L}} = (q_1 A_1 + q A_2)/(G A_{\mathrm{C}} \eta_{\mathrm{cd}}) \tag{D.0.5}$$

式中　A_1——管路表面积（$\mathrm{m^2}$）；

A_2——贮水箱表面积（$\mathrm{m^2}$）；

A_{C}——系统集热器采光面积[W/(m·°C)]；

G——集热器采光面上的总太阳辐射度（$\mathrm{W/m^2}$）；

η_{cd}——基于采光面积的集热器平均集热效率（%），按附录 C 方法计算。

本标准用词说明

1　为便于在执行本标准条文时区别对待，对要求严格程度不同的用词说明如下：

1）表示很严格，非这样做不可的：

正面词采用“必须”，反面词采用“严禁”；

2）表示严格，在正常情况下均应这样做的：

正面词采用“应”，反面词采用“不应”或“不得”；

3）表示允许稍有选择，在条件许可时首先应该这样做的：

正面词采用“宜”，反面词采用“不宜”；

4）表示有选择，在一定条件下可以这样做的采用“可”。

2　条文中指明应按其他有关标准执行的写法为：“应符合……的规定（要求）”或“应按……执行”。

引用标准名录

1 《建筑设计防火规范》GB 50016

2 《锅炉房设计规范》GB 50041

3 《公共建筑节能设计标准》GB 50189

4 《通风与空调工程施工质量验收规范》GB 50243

5 《太阳能供热采暖工程技术规范》GB 50495

6 《民用建筑供暖通风与空气调节设计规范》GB 50736

7 《设备及管道绝热设计导则》GB/T 8175

8 《严寒和寒冷地区居住建筑节能设计标准》JGJ 26

9 《散热器恒温控制阀》JG/T 195

10 《四川省居住建筑节能设计标准》DB51/5027

四川省工程建设地方标准

四川省高寒地区民用建筑供暖通风设计标准

DBJ51/055 - 2016

条 文 说 明

目　次

1　总　则 …… 67
2　术　语 …… 70
3　室内空气设计参数 …… 71
4　室外设计计算参数 …… 73
5　供　暖 …… 74
　5.1　一般规定 …… 74
　5.2　热负荷 …… 76
　5.3　散热器供暖 …… 79
　5.4　热水辐射供暖 …… 81
　5.5　风机盘管供暖 …… 81
　5.6　供暖水系统设计 …… 82
6　通　风 …… 85
　6.1　一般规定 …… 85
　6.2　通风设计 …… 86
7　热　源 …… 93
　7.1　一般规定 …… 93
　7.2　空气源热泵 …… 97
　7.3　锅　炉 …… 101
　7.4　户式燃气炉和户式空气源热泵 …… 102

7.5 太阳能集热/蓄热系统……103
8 检测与监控……112
8.1 一般规定……112
8.4 供暖系统的检测与监控……112

1 总 则

1.0.1 《民用建筑供暖通风与空气调节设计规范》GB 50736－2012）第 5.1.2 条规定：“累年日平均温度稳定低于或等于 5 °C 的日数大于或等于 90 天的地区，应设置供暖设施，并宜采用集中供暖。”四川省高寒地区属于应设置供暖地区，但四川省高寒地区供暖具有一定的特殊性：例如部分地区生态脆弱、能源短缺、能源运输困难，如照搬北方地区的传统供暖形式，将对当地环境造成不可恢复的破坏；当地大部分地区太阳能、风能、地热能等可再生能源丰富，且当地建筑以多层及低层为主，为可再生能源的综合利用创造了较好的条件。

在保障人民生活和工作最基本要求的同时，合理地利用当地资源、节约能源、保护生态环境也应引起重视。

1.0.2 对于四川省高寒地区新建、改建和扩建的民用建筑，其供暖、通风设计，均应符合本标准各相关规定。

对改建项目而言，不要求所有涉及供暖通风的内容全部按本标准一步实施到位，可以按照项目改造计划分步进行。对所涉及的改造内容，应按照本标准执行。

当同时对建筑外围护结构、供暖系统进行节能改造时，供暖系统应在围护结构节能改造完成后再实施，避免造成暖通设施投资的浪费。

对于有特殊用途、特殊净化与防护要求的建筑物以及临时性建筑物的设计而言，通用性的条文应参照执行。有特殊要求的设计，应执行国家相关的设计规范。

1.0.3 供暖、通风工程的投资及运行费用相对较高，因此设计中应确定整体上技术先进、经济合理的设计方案。标准从安全、节能、环保、卫生等方面结合了近十年来国内外出现的新技术、新工艺、新设备、新材料与设计、科研新成果，对有关设计标准、技术要求、设计方法以及其他政策性较强的技术问题等都作了具体的规定。

四川省高寒地区可再生能源利用潜力巨大，川西高原大部分地区是太阳能较丰富的地区，年总辐射量基本在5,000 MJ/m^{2}以上，大部分地区年日照时数在1,800 h以上，太阳能资源最丰富的石渠、色达至理塘、稻城一带，年总辐射量达6,000 MJ/m^2，年日照时数达2,400 h～2,600 h。通过南向布置主要活动房间，采用直接受益式窗、集热墙、附加阳光间等被动利用技术，可在不增加建筑成本的情况下，基本满足其白天的热舒适要求。且四川省高寒地区的生态环境脆弱，常规能源的使用对当地生态环境存在较大影响，合理利用可再生能源供暖能较好地解决这一问题。

1.0.4 高寒地区夏季室外空气干球温度和焓值较低，大部分区域最热月平均干球温度在10 °C～16 °C。对住宅、办公、酒店、商业等大部分建筑而言，合理地设计自然通风并适当辅以机械通风、混合通风等通风措施一般能满足消除室内余热的要求。因此提倡优化设计，充分利用当地的“免费冷源”实现夏季供冷，尽量减少人工制冷方式的使用，达到减少建筑能耗的目标。

1.0.5 在民用建筑中可能存在一些高温设备和管道（如高温高压的蒸汽设备或管道、太阳能集热器的安全阀排放口等）、易燃易爆流体管道（如燃气、燃油管道等）。如果不对这类设备及管道的安装位置和安全防护措施提出要求，可能造成人员和财产的伤害，如烫伤、中毒、爆炸等。因此，要求这类设备和管道的安装位置符合相关规范、标准的要求，并采取可靠的防护措施。

1.0.7 管道、设备等的抗震设计按照《建筑机电工程抗震设计规范》GB 50981 的相关要求执行。

1.0.8 为保证设计和施工质量，要求供暖通风设计的施工图内容应与国家现行的《建筑给水排水及供暖工程施工质量验收规范》GB 50242、《通风与空调工程施工质量验收规范》GB 50243、《通风与空调工程施工规范》GB 50378、《建筑节能工程施工质量验收规范》GB 50411 等保持一致。有特殊要求及现行施工质量验收规范中没有涉及的内容，在施工图文件中应有详尽说明，以便施工、监理等工作的顺利进行。

1.0.9 根据国家主管部门有关编制和修订工程建设标准规范的统一规定，为了精简规范内容，凡引用或参照其他全国通用的设计标准的内容，除必要的以外，本标准不再另设条文。本条强调在设计中除执行本标准外，还应执行与设计内容相关的安全、环保、节能、卫生等方面的国家现行有关标准等的规定。

2 术 语

2.0.23 归一化温差是指集热器工作温度和环境温度的差值与太阳辐射照度之比，计算公式为：

$$T_N = (T_i - T_a) / I_T \tag{1}$$

式中 T_N——归一化温差（$m^2 \cdot K/W$）；

T_i——集热器的工作温度（常用集热器流体进口温度表示）（K）；

T_a——室外空气干球温度（K）；

I_T——集热面接收到的太阳辐照度（W/m^2）。

2.0.25 太阳能的集热量受到太阳辐照强度、环境温度以及太阳能集热器性能等的影响。当某时刻太阳能集热器所吸收的太阳辐射能量与集热器散失到周围环境的能量之差为正值时，集热器获得有效热量，当某时刻吸收的太阳能小于热损失时，集热器反向散热（如图1所示）。

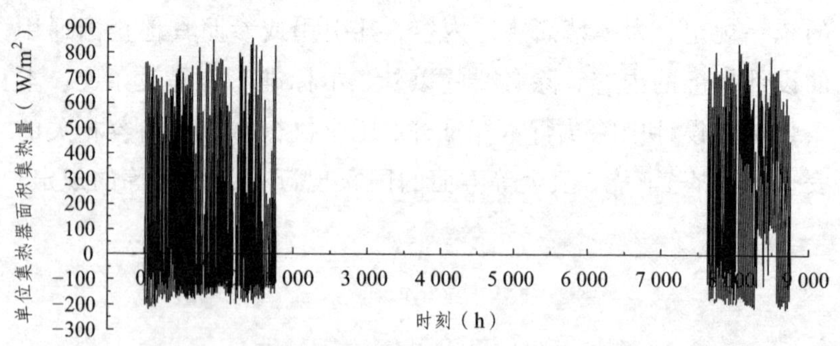

图1 红原地区集热器安装倾角为40°时的单位面积集热量

3 室内空气设计参数

3.0.1 根据国内外有关研究结果，当人体衣着适宜、保暖量充分且处于安静状态时，室内温度 20 °C 比较舒适，18 °C 无冷感，15 °C 是产生明显冷感的温度界限。基于节能的原则，本着提高生活质量，满足室温可调的要求，把主要房间的室内温度范围定在 18 °C ~ 24 °C。

由于冬季空气集中加湿能耗较大，管线增加，沿用我国其他供暖地区的习惯，对供暖房间的相对湿度不作要求；但高寒地区冬季空气相当干燥，供暖后室内相对湿度会严重偏低，设计中应考虑设置房间局部加湿装置的可能性，使整个供暖季房间相对湿度在 15% ~ 40%范围波动。

3.0.2 采用主动式太阳能供暖系统时应选择辅助热源，因为太阳辐射随天气变化具有不确定性，若不采用辅助热源，则在阴雨天等不利天气条件下，无法保证室内温度。对医院、老人院、幼儿园、高级酒店等室内环境温度要求较高的建筑，辅助热源的选择应按照保证室内设计参数来确定其容量；对于办公、商业等允许室内环境温度出现较大波动的建筑，从经济性角度考虑，宜适当减小辅助热源容量，同时考虑 15 °C 是产生明显冷感的温度界限，因此采用 15 °C 作为选择辅助热源容量的室内计算温度；对居住建筑而言，在投资条件许可时，供暖室内计算温度宜按 3.0.1 条确定。

3.0.3 本条对冬季室内最大允许风速的规定，主要是针对设置热风供暖的建筑而言的，目的是为了防止人体产生直接吹风感，影响舒适性。

3.0.4 实践证实，人体的舒适度受辐射影响很大，欧洲的相关实验也证实了辐射和人体舒适度感觉的相互关系。对于辐射供暖的建筑，其供暖室内设计温度取值低于以对流为主的供暖系统 2 °C，可达到同样舒适度。在确定主动式太阳能供暖系统的辅助热源容量时，其供暖室内计算温度也可在 3.0.2 条第 1、2、3 款的基础上降低 2 °C。

4 室外设计计算参数

4.0.1 室外设计计算参数是负荷计算的重要基础数据，根据现有的科学发展水平和工程经验，低海拔室外设计计算参数的数据统计方法同样适用于高海拔地区，因此，本标准的室外设计计算参数的统计直接引用《民用建筑供暖通风与空气调节设计规范》GB 50736 的方法。本标准结合地面气象观测台站观测数据，制作了部分地区的室外设计计算参数表，见附录 A。本标准以 1971 年 1 月 1 日至 2000 年 12 月 31 日 30 年的观测数据为基础进行计算。

4.0.2 累年最冷月水平面日均总辐射量，辐射量单位为 J/m^2，除以 86,400 常数，常数 86,400 为 24 h 的秒数，最冷月水平面平均辐照度的单位为 W/m^2。

5 供 暖

5.1 一般规定

5.1.1 根据《民用建筑供暖通风与空气调节设计规范》GB 50736－2012 第 5.1.2 条规定，累年日平均温度稳定低于或等于 5 °C 的日数大于或等于 90 天的地区，应设置供暖设施。

5.1.2 我国北方传统供暖地区多采用集中供暖方式，主要是受能源种类和历史发展的影响。在以煤为能源的供暖系统中，大型锅炉的应用能大幅提高能源利用效率，减少污染物排放，但川西高寒地区不产煤，运输成本高，使用不经济，加之高原地区作为我国的生态屏障，不提倡大量推广以煤作为主要供暖能源的传统供暖模式，而应提倡充分利用太阳能资源以及其他清洁能源辅助的供暖形式。

集中供暖方式的热源效率虽略高于分散式供暖方式，但需要耗费更大的管网投资和输送能耗，同时存在大量的管网损失和过热损失。在热负荷密度小、负荷变化大时，供暖系统负担区域越大，单位面积的能耗越高。高寒地区具有建筑容积率较低、人均建设用地指标高、建筑全天热负荷波幅大等特点，若采用大规模的集中供暖系统，输送能耗大，过量损失大，且在系统适合负荷变化的调控方面不如分散式供暖系统灵活，同时供暖方式的调控特性也直接影响太阳能辐射得热的有效利用和主动式太阳能供暖系统的合理应用。

因此，除有废热、工业余热或地热等热源可利用的场所可根据资源情况采用区域性集中供暖外，高寒地区应根据建筑功能和建筑平面布置等具体情况，选择热惯性小、调控灵活的分散供暖方式或小型集中供暖方式，避免采用小区或城区级别的集中供暖。小型集中供暖系统宜以楼栋为单位设置，当建筑体量小且紧邻时，可合用一个小型集中供暖系统。

5.1.3 高寒地区受资源和运输的制约，煤、油、气等常规能源缺乏且价格昂贵，同时由于高原缺氧，难以实现充分燃烧，而大部分地区太阳能资源较为丰富。在该类地区应优先考虑太阳能的热利用，大幅降低建筑供暖能源需求，减少化石类能源燃烧对大气环境的破坏、保护高原脆弱的生态环境。

在太阳能供暖设计中，利用合理的建筑布置和直接受益式、附加阳光房、集热墙等被动技术的应用，可大幅降低供暖热负荷以及供暖系统投资，甚至可以直接满足使用的基本要求，且被动技术的经济性较好，后期运行费用和维护工作量极少。因此，在太阳能供暖时应优先利用被动式技术，并根据室内环境保障度的要求辅以主动式供暖设施。主动式供暖系统的热源可以是太阳能集热系统提供，也可利用其他热源方式提供。

5.1.5 设置值班供暖主要是为了防止出现公共建筑在非使用时间内，其水管及其他用水设备发生冻结的现象，且要考虑居住建筑的公共部分的防冻措施。非使用时间是指间歇供暖建筑物的非工作时间。

5.1.6 国家及地方现行公共建筑和居住建筑节能设计标准对

外墙、屋面、外窗、阳台门和天窗等围护结构的传热系数等热工指标都有相关的具体要求和规定，本标准应符合其规定。

5.1.8 为了平衡南北向房间的温差、解决“南热北冷”的问题，除了按本标准的规定对南北向房间分别采用不同的朝向修正系数外，对集中供暖系统，应采取南北向房间分环布置的方式，有利于系统运行管理和节能运行。但在住宅、别墅类酒店等项目中，往往受平面功能的制约难以实现南北分环，此时可不执行本条规定。

5.1.9 水质是保证供暖系统正常运行和提高换热效率的前提，近些年发展的轻质散热器和相关末端设备在使用时都对水质有不同的要求。现行国家标准《采暖空调系统水质标准》GB/T 29044－2012 对供暖水质提出了具体的要求。

5.1.10 大量冷风侵入会影响建筑的供暖效果，因此，供暖设计中应采取设置门斗、旋转门、热风幕等防止冷风侵入的措施。

5.2 热负荷

5.2.1 强制性条文。引自《民用建筑供暖通风与空气调节设计规范》GB 50736－2012 强制性条文第 5.2.1 条。

集中供暖的建筑，供暖热负荷的正确计算对供暖设备选择、管道计算以及节能运行都起到关键作用，特设置此条，且与现行国家标准《民用建筑供暖通风与空气调节设计规范》GB 50726、《严寒和寒冷地区居住建筑节能设计标准》JGJ 26、《公共建筑节能设计标准》GB 50189 和地方标准《四川省居住建筑节能设计标准》DB51/5027 保持一致。

在实际工程中，供暖系统有时是按照“分区域”来设置的分散式供暖，在一个供暖区域中可能存在多个房间，如果按照区域来计算，对于每个房间的热负荷仍然没有明确的数据。如居住建筑中按户设置的供暖系统，虽然属于分散式供暖，但由于设计同样涉及供暖设备选择、管道计算等内容，因此在设计中应参照集中供暖系统对每个房间进行热负荷计算。

5.2.2 在大力提倡建筑节能的背景下，高寒地区被动式太阳能建筑不断出现。这类建筑通过大量被动技术的应用来满足室内的供暖要求，或大大降低对主动式供暖系统的需求。这类以被动式太阳能供暖为主的建筑，由于太阳辐射的作用，房间的实际瞬时热负荷远小于通过稳态方法计算所得的热负荷值。因此对于以被动太阳能供暖为主的建筑，应充分考虑太阳辐射的作用并根据房间实际使用情况进行全年动态负荷模拟分析，以确定是否需要设置辅助供暖系统，以及辅助供暖系统所负担的热负荷。被动式太阳能供暖设计方法按《四川省被动式太阳能建筑设计规范》DBJ51/T 019 执行。

5.2.3 采用主动式太阳能供暖的建筑，系统热负荷宜进行全年动态负荷模拟计算确定，并根据全年动态负荷计算结果，通过技术经济分析确定集热器面积、蓄热容量及集热系统的设置。当受条件限制，难以进行全年动态负荷计算时，也可按照本标准第 7.5.5、7.5.10 条进行简化计算。

在不利的阴、雨、雪天气条件下，太阳能集热系统完全不能工作，这时建筑物的全部热负荷都需依靠辅助热源供给，辅助热源的供热量应能满足建筑物的全部或部分热负荷需求，这部分的热负荷计算与进行常规热源设计的原则、方法完全相同，供暖室内计算温度应按照本标准第3.0.2条执行。

5.2.9 1 朝向修正率，本条用于非动态计算时围护结构的附加耗热量。根据当地冬季日照率、建筑物使用和被遮挡等情况选用合适的修正率。当建筑物无遮挡时，可根据表1取修正系数。

表1 朝向修正率

项目所在地日照百分率	各朝向修正率取值	备注
≤35%	东南、西南和南向的修正率，宜采用-10%~0，东、西向可不修正	—
35%~60%	南向的修正率，宜采用-10%~-30%，东南、西南的修正率，宜采用-10%~-20%，北、东北、西北的修正率，宜采用0~10%	根据线性插值的方法确定合适的修正率
≥60%	南向的修正率，宜采用-30%，东南和西南的修正率，宜采用-20%，北、东北、西北的修正率，宜采用10%	—

2 风力附加率，是指在供暖耗热量计算中，基于较大的室外风速会引起围护结构外表面换热系数增大而设的附加系数。

3 外门附加率，是基于建筑物外门开启的频繁程度以及冲入建筑物中的冷空气导致耗热量增大而附加的系数。外门附加率，只适用于短时间开启的、无热空气幕的外门。阳台门不应计入外门附加。

另外，此处所指的外门是建筑物底层入口的门，而不是各层每户的外门。此外，设计人员也可根据经验对两面外墙和窗墙面积比过大进行修正。当房间有两面以上外墙时，可将外墙、窗、门的基本耗热量附加 5%。当窗墙（不含窗）面积比超过 1∶1 时，可将窗的基本耗热量附加 10%。

5.3 散热器供暖

5. 3. 1 采用热水作为热媒，不仅对供暖质量有明显的提高，而且便于进行调节。因此，明确规定散热器供暖系统应采用热水作为热媒。

供暖系统应综合考虑热源侧和供暖末端侧两方面的初投资和节能率，合理确定供水温度。供水温度降低，有利于减少温差热损失，提高热源效率，有利于在高寒地区合理利用太阳能资源，但供暖末端的换热面积需求增大，需要权衡后确定。一般推荐：太阳能系统供水温度不宜超过 60 °C；空气源热泵系统供水温度不宜超过 50 °C；锅炉供水温度的取值应低于当地沸点温度 5 °C 以上。

5. 3. 8 强制性条文。引自《民用建筑供暖通风与空气调节设计规范》GB 50736－2012 强制性条文第 5.3.10 条。

5. 3. 9 散热器的散热量是在特定条件下通过实验测定给出的，在实际工程应用中该值往往与测试条件下给出的有一定差别，为此设计时除应按不同的传热温差（散热器表面温度与室温之差）选用合适的传热系数外，还应考虑其连接方式、安装形式、组装片数、热水流量，表面涂料以及高原工况等对散热量的影响。

散热器散热数量 n（片）可由下式计算，公式中的修正系数可由相关设计手册及产品资料查得。

$$n=(Q_J/Q_S)\beta_1\beta_2\beta_3\beta_4\beta_5 \quad (2)$$

式中 Q_J——房间的供暖热负荷（W）；

Q_S——散热器的单位（每片或每米长）散热量（W/片）或（W/m）；

β_1——柱型散热器（如铸铁柱形，柱翼形，钢制柱形等）的组装片数修正系数及扁管形、板形散热器长度修正系数；

β_2——散热器支管连接方式修正系数；

β_3——散热器安装形式修正系数；

β_4——进入散热器流量修正系数；

β_5——散热器换热海拔高度修正系数，其取值见图 2。

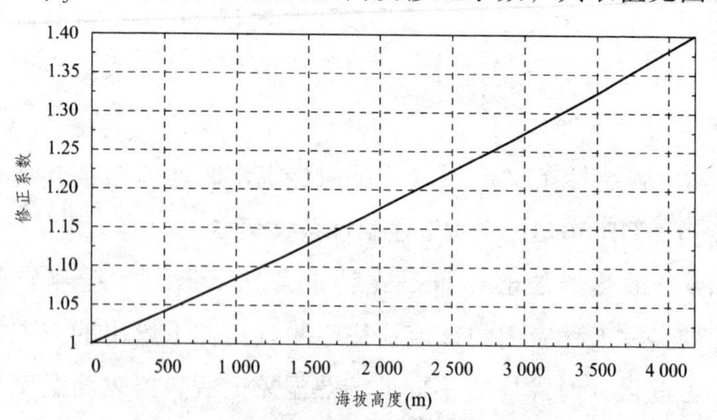

图 2 散热器换热海拔高度修正系数

5.4 热水辐射供暖

5.4.3 强制性条文。引自《民用建筑供暖通风与空气调节设计规范》GB 50736－2012 强制性条文第 5.4.3（1）条。

5.4.5 毛细管网是近几年发展的新技术，根据工程实践经验和使用效果，确定了该系统不同情况的安装方式。

5.4.7 强制性条文。引自《民用建筑供暖通风与空气调节设计规范》GB 50736－2012 强制性条文第 5.4.6 条。

5.5 风机盘管供暖

5.5.1 风机盘管采用强制对流换热，单位体积风量的换热量大，故适宜应用于间歇运行和热负荷指标较大的建筑。由于风机盘管的换热能力强，风机盘管适用于采用热泵机组、太阳能集热系统等作热源的低温热水供暖系统中，有利于降低对热水品位的要求，提高热源效率。同时风机盘管供暖热惯性小、控制灵活，对位于太阳辐照强度大地区且仅白天使用的建筑，应用风机盘管供暖可实现对室温的较好控制。但采用风机盘管作为供暖末端时，应注意噪声和吹风感的控制。

5.5.2 相关文献表明，风机盘管的水温低于 60 °C 可减少结垢，减轻冷热作用交替造成的胀紧力，延长风机盘管的使用寿命。

5.5.3 风口选择和布置时，应保证供暖工况时人员停留区的风速≤0.3 m/s，应与建筑装修相协调，注意风口的选型与布置对内部装修美观的影响；同时应考虑室内空气质量、室内温度梯度等要求，避免气流短路，确保热空气能送到人员停留区。

5.5.4 《风机盘管机组》GB/T 1923 规定设备厂家提供的风机盘管参数为名义工况下的散热量，在选型设计时，应根据设计工况下的供水温度、供回水温差、进口空气温度等进行换热能力的修正。特别应注意高寒地区空气密度较低，风机盘管换热量有相应的下降。所以在风机盘管选型计算中还应进行相应的海拔修正。设计时需向生产企业索要风机盘管在相应海拔高度的实际换热量，并据此进行设备选型。

5.5.5 早期的风机盘管机组余压只有 0 Pa 和 12 Pa 两种形式，《风机盘管机组》GB/T 19232 对高余压机组没有漏风率的规定。为适应市场需求，部分风机盘管余压越来越高，达 50 Pa 或以上，由于常规风机盘管机组的换热盘管位于送风机出风侧，会导致机组漏风严重以及噪声、能耗等增加，故不宜选择出口余压高的风机盘管机组。

5.6 供暖水系统设计

5.6.2 强制性条文。引自《民用建筑供暖通风与空气调节设计规范》GB 50736－2012 强制性条文第 5.3.5 条。

对于管道有冻结危险的场所，不应将其散热末端同邻室连接，立管或支管应独立设置，以防散热末端冻裂后影响邻室的供暖效果，散热末端是指散热器或风机盘管等。

5.6.4 强制性条文。引自《民用建筑供暖通风与空气调节设计规范》GB 50736－2012 强制性条文第 5.9.5 条。

5.6.16 热水供暖系统设置必要的排气、泄水、排污装置，是为了保证系统的正常运行，并为维护管理创造必要的条件。

热水供暖必须妥善解决系统内空气的排除问题。通常的做法是：在有可能积存空气的高点（高于前后管段）排气，机械循环热水干管尽量抬头走，使空气与水同向流动；下行上给式系统，在最上层散热器上装排气阀，或作排气管；水平单管串联系统在每组散热器上装排气阀，如为上进上出式系统，在最后的散热器上装排气阀。

5.6.17 设备入口需除污，应根据系统大小和设备的需要确定除污装置的位置。例如系统较大、产生污垢的管道较长时，除系统热源、水泵等设备的入口外，各分环路或末端设备、自控阀前也应根据需要设置除污装置，但距离较近的设备可不重复串联设置除污装置。除污、过滤装置应选用阻力小且便于清污的设备。

5.6.18 对于变流量系统，采用变速调节能够更多地节省输送能耗。水泵变频调速技术是目前比较成熟可靠的节能方式，容易实现且节能潜力大，调速水泵的性能曲线宜为陡降型。

5.6.19 **1** 定压点宜设在循环水泵的吸入口处，是为了使系统运行时各点压力均高于静止时压力，定压点压力或膨胀水箱高度可以低一些；当定压点远离循环水泵吸入口时，应按水压图校核，最高点不应出现负压。

2 高位膨胀水箱具有定压简单、可靠、稳定、省电等优点，是目前最常用的定压方式，因此推荐优先采用。膨胀水箱安装位置，应考虑防止水箱内水的冻结，若水箱安装在非供暖房间内时，应考虑保温；设在非供暖房间内的膨胀管、循环管、信号管均应保温。

3 随着技术发展，建筑物内供暖水系统类型逐渐增多，如均分别设置定压设施则投资较大，但合用时膨胀管上不设置阀门则各系统不能完全关闭泄水检修，因此仅在水系统设置独立的定压设施时，规定膨胀管上不应设置阀门；当各系统合用定压设施且需要分别检修时，规定膨胀管上的检修阀应采用电信号阀进行误操作警示，并在各空调系统设置安全阀，一旦阀门未开启且警示失灵，可防止事故发生。

4 从节能节水的目的出发，膨胀水量应回收，例如膨胀水箱应预留出膨胀容积，或采用其他定压方式时，将系统的膨胀水量引至补水箱回收等。

5.6.21 耗电输热比反映了供暖水系统中循环水泵的耗电与建筑热负荷的关系，对此值进行限制是为了保证水泵的选择在合理的范围，降低水泵能耗。当热源设备、末端设备均采用低阻力设备时（如热水锅炉、散热器等），系统的耗电输热比按照《民用建筑供暖通风与空气调节设计规范》GB 50736－2012 第 8.11.13 条执行；当热源设备、末端设备采用高阻力设备（如热泵机组、空调机组），系统的耗电输热比按照《民用建筑供暖通风与空气调节设计规范》GB 50736－2012 第 8.5.12 条执行。

6 通　风

6.1 一般规定

6.1.1 建筑通风的目的，是为了防止大量热、蒸汽或有害物质向人员活动区散发，防止有害物质对环境及建筑物的污染和破坏。大量余热余湿及有害物质的控制，应以预防为主，需要各专业协调配合综合治理才能实现。在高寒地区，设置合理的通风措施可以大大降低空气处理的能耗。

6.1.2 本条是考虑节能要求，在高寒地区的通风设计中，应关注室外气象参数的限制条件，综合考虑夏季、冬季及过渡季的不同情况，优先采用自然通风。自然通风主要通过合理适度地改变建筑形式，利用热压和风压作用形成有组织气流，满足室内要求、减少通风能耗。

6.1.3 《环境空气质量标准》GB 3095 按不同环境空气质量功能区给出了对应的空气质量标准，《社会生活环境噪声排放标准》GB 22337 也按建筑所处不同声环境功能区给出了噪声排放限值。对于空气污染或噪声污染比较严重的地区，即未达到上述两标准的地区，直接的自然通风会将室外污浊的空气或噪声带入室内，不利于人体健康。因此，在这种情况下，通风设置应采取空气处理措施或噪声处理措施。

6.1.4 高寒地区夏季空气的焓值低、含湿量低，其室外低焓干燥空气一般可以直接利用来消除室内的热湿负荷。当房间的室内余热量较大，通过加大机械通风量不经济或难以实现时，还可以通过采用直接蒸发冷却或间接蒸发冷却的方式来降低送风温度，达到消除室内余热的目的。应用蒸发冷却技术可大量节约空调系统的能耗。

高寒地区的江、河、湖水等夏季水体温度相对较低，完全可以作为空调的冷源。对于地下水资源丰富且有合适的水温、水质的地区，当采取可靠的回灌和防止污染措施时，也可以利用地下水作为冷源。当采用江、河、湖水和地下水作为冷源时，应进行可行性研究，并征得当地主管部门的同意。

6.1.5 规定本条是为了使住宅、办公室、餐厅等建筑的房间能够达到室内空气质量的要求。

6.1.7 强制性条文。引自《民用建筑供暖通风与空气调节设计规范》GB 50736－2012 强制性条文第 6.1.6 条。

6.2 通风设计

6.2.1 在确定自然通风方案之前，必须收集目标地区的气象参数，进行气候潜力分析。自然通风潜力指仅依靠自然通风就可满足室内空气品质及热舒适要求的潜力。现有的自然通风潜力分析方法主要有经验分析法、多标准评估法、气候适应性评估法及有效压差分析法等。然后，根据潜力可定出相应的通风策略，即风压、热压的选择及相应的措施。

大部分高寒地区夏季、过渡季室外温度不高，相对湿度较低，适宜采用自然通风消除室内余热、余湿，可以应用中庭、通风塔等热压通风设计。

6.2.2 为了提高自然通风的效果，应采用流量系数较大的进排风口或窗扇，如在工程设计中常采用的性能较好的门、洞、平开窗、上悬窗、中悬窗及隔板或垂直转动窗、板等。

供自然通风用的进排风口或窗扇需要具有随季节的变换能够进行调节的措施。对于不便于人员开关或需要经常调节的进排风口或窗扇，应考虑设置机械开关装置，机械开关装置应便于维护管理并能防止锈蚀失灵，且有足够的构件强度。

四川高寒地区的自然通风进排风口，因为冬季冷风渗透量大，不使用期间应可有效关闭并具有良好的保温性能，以有效地保证冬季室内的热环境，一般可采用在外面设置固定百叶，在里面设置保温密闭装置的做法。

6.2.3 引自《民用建筑供暖通风与空气调节设计规范》GB 50736－2012。高寒地区冬季的室外温度过低，通常不会采取直接的自然进风方式，当有设备机房降温需求时，为防止冷空气吹向人员活动区，进风口下缘不宜低于 4 m，冷空气经上部侧窗进入，当其下降至工作地点时，已经过了一段混合加热过程，这样就不致使工作区过冷。如进风口下缘低于 4 m，则应采取防止冷风吹向人员活动区的措施。

6.2.4 引自《民用建筑供暖通风与空气调节设计规范》GB 50736－2012。强调自然通风开口的可调性。

6.2.5 《民用建筑供暖通风与空气调节设计规范》GB 50736－2012 对风压和热压作用的通风量计算有一系列确定原则。

6.2.6 **1** 捕风装置是一种自然风捕集装置，是利用对自然风的阻挡在捕风装置迎风面形成正压、背风面形成负压，与室内的压力形成一定的压力梯度，将新鲜空气引入室内，并将室内的浑浊空气抽吸出来，从而加强自然通风换气的能力。

对于高寒地区，夏季和过渡季可采用该装置加强自然通风效果，增大自然通风量；冬季由于室外温度过低，开启外窗自然通风的可控性较差，会导致供暖负荷大大增加，因而国内外都提出了采取自动捕风装置来解决冬季密闭房间的新风换气问题。

2 当采用屋顶无动力风帽装置时，室外风速应不小于 2 m/s。无动力风帽是通过自身叶轮的旋转，将任何平行方向的空气流动，加速并转变为由下而上垂直的空气流动，从而将下方建筑物内的污浊气体吸上来并排出，以提高室内通风换气效果的一种装置。该装置不需要电力驱动，可长期运转且噪声较低，在国内外均已大量使用。

3 太阳能诱导通风方式依靠太阳辐射给建筑结构的一部分加热，从而产生大的温差，比传统的由内外温差引起流动的浮升力驱动的策略获得更大的风量，从而能够更有效地实现自然通风。典型的三类太阳能诱导方式为：特伦布（Trombe）墙、太阳能烟囱、太阳能屋顶。

6.2.8 强制性条文。引自《民用建筑供暖通风与空气调节设计规范》GB 50736－2012 强制性条文第 6.3.2 条。

规定建筑物全面排风系统排风口的位置，在不同情况下应有不同的设计要求，目的是为了保证有效排除室内余热、余湿及各种有害物质。大量民用建筑的排风如地下车库、变配电房等机电用房主要为排出余热余湿，此类空气在顶部有局部存积危害不大，因此本条文第 1 款给定了附加条件，只有当顶部存积气体对下部使用空间和人员可能造成危害或有爆炸危险时，须执行本条文第 1 款。关于本条文第 2、3 款，在民用建筑的实验室类建筑中有一定应用。对于由于建筑结构造成的有爆炸危险气体排出的死角，例如产生氢气的房间，会出现由于顶棚内无法设置排风口而聚集一定浓度的氢气发生爆炸的情况。在结构允许的情况下，在结构梁上设置连通管进行导流排气，以避免事故发生。

6.2.9 一般建筑通风的目的是消除余热、余湿和污染物，所以需要选取其最大值，并且要对使用人员的卫生标准进行校核。高寒地区冬季室外温度过低，机械进风应考虑热平衡计算。

6.2.11 为减少能耗，高寒地区夏季应尽可能利用新风自然补风，冬季一些对温度要求不高的房间如库房、某些设备机房、车库等当室外空气直接进入室内不致形成雾气和在围护结构内表面不致产生凝结水时，宜采用自然补风。

冬季可利用建筑物内部非污染空气作为补风的次要房间是指人员不长期停留、对空气品质要求不高的房间，如库房、汽车库等，建筑内部非污染空气作为补风既可减少能耗又可在一定程度上改善室内温度。

6.2.13 强制性条文。引自《民用建筑供暖通风与空气调节设计规范》GB 50736 – 2012 强制性条文第 6.3.9（2）条。

6.2.15 由于高寒地区均为高海拔地区，通风系统所输送的空气密度为非标准状态空气密度，通风系统的通风机特性和风管特性曲线都将随之改变。非标准状态时通风机产生的实际风压也不是标准状态时通风机性能图表上所标定的风压。在通风空调系统中的通风机的风压等于系统的压力损失。在非标准状态下系统压力损失或大或小的变化，同通风机风压或大或小的变化不但趋势一致，而且大小相等。也就是说，在实际的容积风量一定的情况下，按标准状态下的风管计算表算得的压力损失以及据此选择的通风机，也能够适应空气状态变化了的条件。由此，选择通风机时不必再对风管的计算压力损失和通风机的风压进行修正。但是，对电动机的轴功率应进行验算，核对所配用的电动机能否满足非标准状态下的功率要求，其式如下：

$$N_z = \frac{L \cdot P}{3600 \cdot 1000 \cdot \eta_1 \cdot \eta_2} \tag{3}$$

式中 N_z——电动机的轴功率（kW）;

L——通风机的风量（m^3/h）;

P——非标准状态下风机所产生的风压（全压）（Pa）;

η_1——通风机的内效率；

η_2——通风机的机械传动效率。

风机样本所提供的性能曲线和性能数据，通常是按标准状态下（大气压力 101.3 kPa、温度 20 °C、相对湿度 50%、密度 1.2 kg/m^3）编制的。当输送的介质密度、转数等条件改变时，其性能应按风机相似工况参数各换算公式（省略）进行换算。当大气压力和空气温度为非标准状态时，可按下列公式计算，得出转数不变时，该风机在非标准状态下所产生的风压（全压）（Pa）。

$$P = P_0 \cdot \frac{P_b}{P_{b0}} \cdot \frac{273 + t_0}{273 + t} \quad (4)$$

式中 P_{b0}——标准状态下的大气压力（Pa）；

P_b——非标准条件下的大气压力（Pa）；

P_0——风机在标准状态或特性表状态下的风压（全压）（Pa）；

t_0——标准条件下的空气温度（°C）；

t——非标准条件下的空气温度（°C）。

6.2.16 通风设备和风管的保温、防冻具有一定的技术经济意义，有时还是系统安全运行的必要条件。例如，某些降温用的局部送风系统和兼作热风供暖的送风系统，如果通风机和风管不保温，不仅冷热耗量大不经济，而且会因冷热损失使系统内所输送的空气温度显著升高或降低，从而达不到既定的室内参数要求。又如，锅炉烟气等可能被冷却而形成凝结物堵塞或腐蚀风管。位于高寒地区的空气热回收装置，如果不采取保温、防冻措施，冬季就可能冻结而不能发挥应有的作用。此外，某些高温风管如不采取保温的办法加以防护，也有烫伤人体的危险。

6.2.18 高寒地区冬季室外气温较低，室内外温差大，靠室外侧进排风口容易产生冷空气侵入，导致室内温度降低。设置保温密闭风阀，并与风机联锁动作，可极大减少冷空气侵入和室内外传热。考虑到一些小型通风系统（如小型卫生间排风系统等）的实际情况，也可采用设置止回措施的方式，减少冷空气侵入。

6.2.19 在国家现行防火规范中，对风管的布置、防火阀、排烟阀的设置要求均有详细的规定，本标准不再另行规定。

6.2.20 强制性条文。引自《民用建筑供暖通风与空气调节设计规范》GB 50736－2012 强制性条文第 6.6.13 条。

6.2.22 强制性条文。引自《民用建筑供暖通风与空气调节设计规范》GB 50736－2012 强制性条文第 6.6.16 条。

6.2.23 引自《民用建筑供暖通风与空气调节设计规范》GB 50736－2012。高寒地区，冬季经常下雪，屋顶积雪很深，如风机安装基础过低或屋面吸、排风（烟）口位置过低，会很容易被积雪掩埋，影响正常使用。

7 热 源

7.1 一般规定

7.1.1 **1** 热源应优先采用废热或工业余热，可变废为宝，节约资源和能耗。四川甘孜州地热资源十分丰富，全州 18 个县除石渠、色达两县尚无温泉外，其他各县均有温泉分布，在地热丰富的地区，宜优先利用此类可再生能源，在地热利用时，设计前应进行水文地质勘探和可行性研究。

2，3 川西高原是四川省乃至我国太阳能的主要分布区，面对全球气候变化，节能减排和发展低碳经济成为各国共识，因此太阳能技术应用的市场发展迅猛。由于太阳能的利用与室外环境密切相关，从全年使用角度考虑，并不是任何时候都可以满足应用需求的，因此太阳能供暖系统应设置辅助热源来满足建筑的需求。但是，对室内热舒适要求较低，允许温降的建筑，从经济性角度考虑，可不设置辅助热源。

辅助热源设置的形式有两种：一种是在供暖系统上设置辅助热源，如图 3 所示；另一种是在独立房间内设置小型的辅助热源。

辅助热源在供暖系统上的设置位置主要有三种方式，如图 3 所示。

- 直接将能量加入到水箱当中（图中 A 位置）；
- 将能量加入到离开水箱的水中（图中 B 位置）；
- 将能量直接加给从旁路绕过水箱的水（图中 C 位置）。

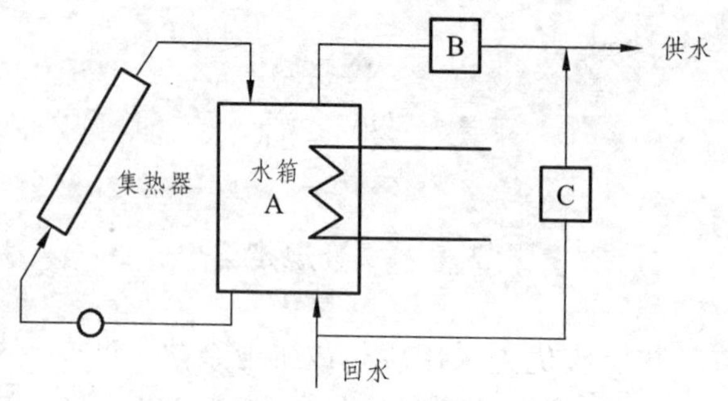

图 3　辅助热源设置位置

改变辅助热源设置的位置会引起系统性能的变化，这主要与集热器最佳的工作温度有关。采用第一种方法，直接将能量加入到水箱当中，会使集热器具有较高的温度，集热器的集热性能下降，从而需要更多的辅助能量。当采用第二种方法，将能量加入到离开水箱的水中，最大限度地利用了太阳能集热器的输出能量，利用了集热器在最低平均温度下的工作状态，因此，具有较高的集热效率；当采用有旁路绕过水箱的方法三时，若水箱顶部的温度不够高的情况下，则可能无法利用已得到的一些太阳能（如将空气源热泵设置于 C 处，当水箱温度较低时，为了混合后水温能满足用热要求，需极大限度地提高热泵出水温度，这可能带来热泵性能下降严重，为此从经济性角度考虑可能不如单独利用热泵进行供暖）。

高寒地区由于所处地理位置独特，化石能源短缺。燃油、煤炭、天然气均需由内地运入，道路交通极为不便，运输成本过高，使得该地区常规能源价格昂贵，加之高原地区生态环境脆弱，不提倡大量推广以化石能源作为主要供暖能源的传统供暖模式。但水电资源较为丰富，以阿坝州为例，境内有岷江、大渡河、黄河、嘉陵江四大水系，已查明全州水力理论蕴藏量 1,933.4 万 kW，约占全省水能蕴藏量的 14%，可开发量约 1,400 万 kW，因此，应优先使用水电作为供暖热源或辅助热源的能源。

空气源热泵在能耗方面相比电锅炉具有优势，因此推荐使用。

4 有些地区可能存在太阳能资源欠缺的情况，即使在太阳能丰富地区，有些建筑也可能存在因其他建筑或山体等遮挡无法利用太阳能的情况。供暖热源采用空气源热泵又因为室外温度低能效过低、末端投资过大经济性差、末端安装位置受限等原因而无法利用。此时，供暖热源可采用燃气、燃油热水锅炉或电热水锅炉。在确定燃料种类时，应综合考虑当地的资源状况、环保要求和能源利用政策等因素。

7.1.2 **1** 热源设备台数和容量的选择，应根据供暖负荷大小及变化规律而定，单台设备容量大小应合理搭配，保证热源设备长时间在较高效率下运行。

2 热源设备台数不应少于两台，除可提高安全可靠性外，也可达到经济运行的目的。

3 不同物业对供暖保障程度的要求不一，如：高档酒店，管理集团往往要求任何情况下供暖 100% 保障。而高保障，意味着高投资，所以强调与物业管理方沟通，确定合理的保障量。考虑到高寒地区当供暖严重不足时有可能导致人员的身体健康受到影响或者室内出现冻结的情况，因此依据气象条件分别规定了不同的保证率。

7.1.3 强制性条文。引自《民用建筑供暖通风与空气调节设计规范》GB 50736－2012 强制性条文第 8.1.8 条。

保证设备在实际运行时的工作压力不超过其额定工作压力，是系统安全运行的必须要求。

7.1.6 强制性条文。引自《太阳能供热采暖工程技术规范》GB 50495－2009 强制性条文第 3.1.3 条。

7.1.7 本条提出的内容是空气源热泵或风冷制冷机组室外机设置时必须注意的几个问题：

1 空气源热泵机组的运行放率，很大程度上与室外机与大气的换热条件有关。考虑主导风向、风压对机组的影响，机组布置时避免产生热岛效应，保证室外机进、排风的通畅，防止进、排风短路是布置室外机时的基本要求。当受位置条件等限制时，应创造条件，避免发生明显的气流短路;如设置排风帽，改变排风方向等方法，必要时可以借助于数值模拟方法辅助气流组织设计。此外，控制进、排风的气流速度也是有效地避免短路的一种方法；通常机组进风气流速度宜控制在 1.5 m/s～2.0 m/s ，排风口的排气速度不宜小于 7 m/s。同时，应采取措施防止进风口被积雪淹没，以保证进风通畅。

2 室外机除了避免自身气流短路外，还应避免其他外部含有热量、腐蚀性物质及油污微粒等排放气体的影响，如厨房油烟排气和其他室外机的排风等。

3 室外机运行会对周围环境产生热污染和噪声影响，因此室外机应与周围建筑物保持一定的距离，以保证热量有效扩散和噪声自然衰减。对周围建筑物产生噪声干扰，应符合国家现行标准《声环境质量标准》GB 3096 的要求。

4 保持室外机换热器清洁可以保证其高效运行，很有必要为室外机创造清扫条件。

7.2 空气源热泵

7.2.1 **1** 高寒地区室外温度较低，空气源热泵在高寒地区应用的关键问题之一是结霜问题。当室外空气侧换热盘管低于露点温度时，换热翅片上就会结霜，会大大降低机组运行效率，严重时无法运行。为了进一步分析其结霜特性，特针对稻城、康定、若尔盖以及红原地区进行了空气源热泵结霜特性分析（如图 4 ~ 7 所示）从图中可以看出，结霜几率分别为 18.8%、15.3%、31.5%、35.7%，因此，先进科学的融霜技术是空气源热泵机组在高寒地区应用的可靠保证。

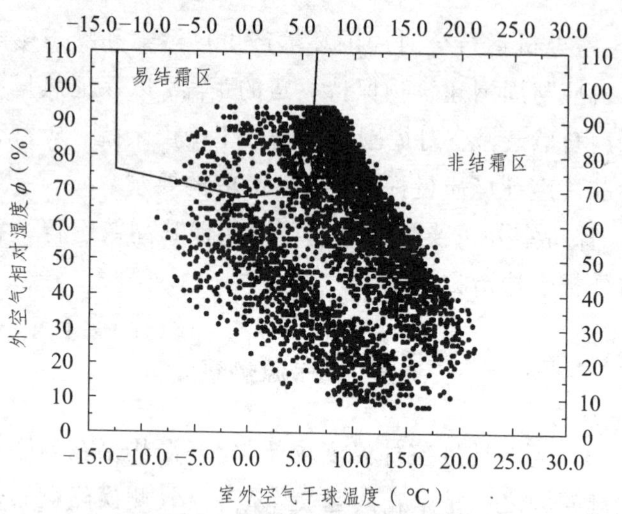

图 4　稻城结霜特性分析图

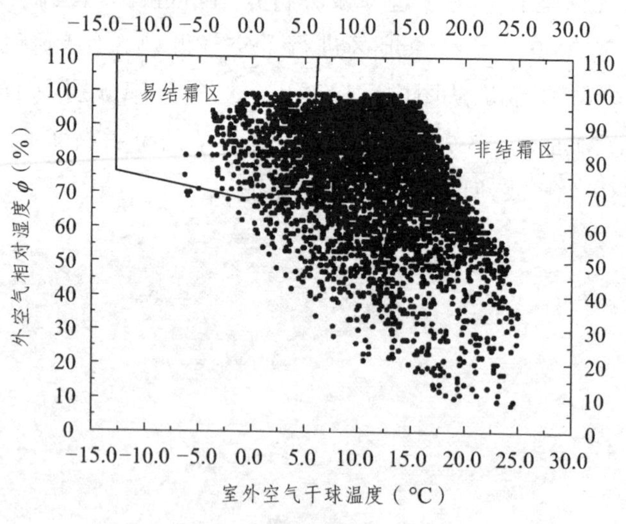

图 5　康定结霜特性分析

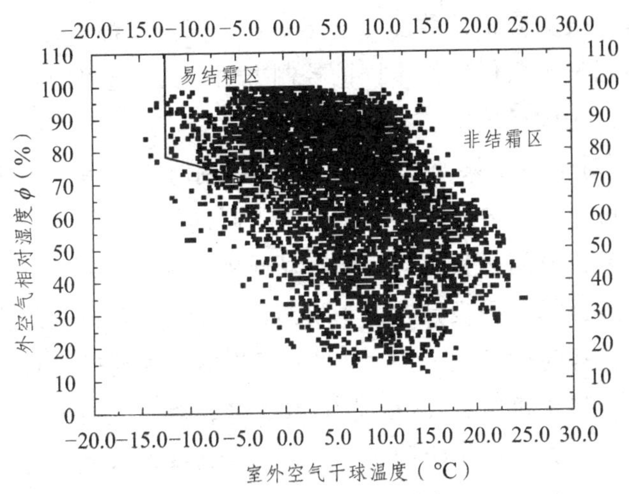

图 6　若尔盖结霜特性分析图

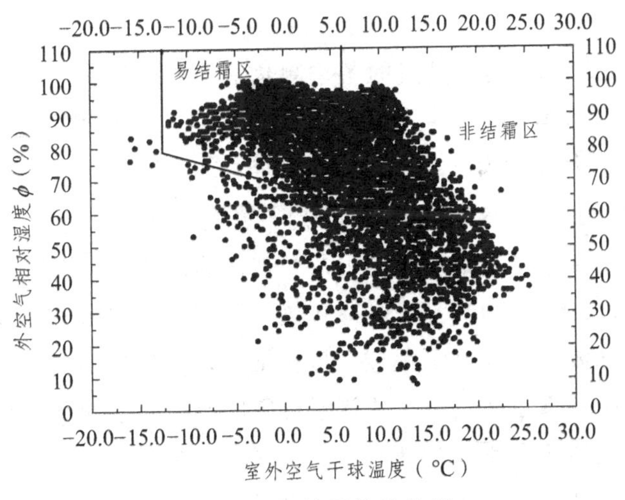

图 7　红原结霜特性分析

除霜的方法有很多，最佳的除霜控制应是判断正确，除霜时间短，融霜修正系数高。近年来各厂家为此都进行了研究，对于不同气候条件采用不同的控制方法。设计选型时应对此进行了解，比较后确定。

2 对于冬季寒冷、潮湿的地区使用时必须考虑机组的经济性和可靠性。室外低温减少了机组制热量；室外空气过于潮湿使得融霜时间过长，同样也会降低机组的有效制热量，因此我们必须计算冬季设计状态下机组的 COP，当热泵机组失去能耗上的优势时就不宜采用。这里对于性能上相对较有优势的空气源热泵热水机组的 COP 限定为 2.00；对于规格较小、直接蒸发的单元式空调机组限定为 1.80。在高寒地区受到海拔与寒冷的影响，某些地区 COP 可能会略低于上述限值，但相对于电锅炉，在能耗方面仍具有优势，因此，若技术经济合理，仍可采用。

7.2.2 空气源热泵机组的冬季制热量会受到室外空气温度、湿度和机组本身的融霜性能的影响。同时，相对平原地区，由于高原上大气压力变化引起空气密度变化，相应的空气质量流量减少，降低了热泵的换热能力。《蒸汽压缩循环冷水（热泵）机组第 1 部分：工业或商业用及类似用途的冷水（热泵）机组》GB/T 18430.1－2007 中，风冷式热泵制热时的热源侧名义工况下的干球温度为 7 °C，湿球温度为 6 °C，大气压力为 101 kPa，因此，在高寒地区，空气源热泵机组的有效制热量修正除了常规的温度修正和融霜修正外，还应进行相应的海拔修正。设计时宜选用适于高寒地区的设备，若选用普通设备，需向生产企业索要空气源热泵在设计工况的实际换热量，并据此进行设备选型。

7.2.3 常规的空气源热泵空调机组是双工况设计，制热工况下的 COP 低于单工况设计的空气源热泵机组，因此，在采用空气源热泵机组作为供暖系统的热源时，宜优先选用 COP 较高的单热型空气源热泵机组，提高设备能效，节约能耗。

7.3 锅 炉

7.3.1 锅炉房的设置与设计在现行国家标准、规范中已作详细规定，遵照执行即可，不再另行规定。

7.3.4 条文中的锅炉热效率为燃料低位发热量热效率。高寒地区大气压力低，空气密度减小，空气中含氧量降低，标准型的锅炉在高寒地区使用会出现燃烧速度降低，热出力减少，燃气燃烧不充分；一方面造成能量浪费，另一方面造成环境污染。从节能环保的目的出发，本条文规定高寒地区选用的锅炉应适合高原气候条件的运行，其在工程所在地的热效率应达到国家标准《公共建筑节能设计标准》GB 50189 的有关规定。

20 世纪 70 年代以来，西欧和美国等相继研制了冷凝式锅炉，即在传统锅炉的基础上加设冷凝式热交换受热面，将排烟温度降到 40 °C ~ 50 °C，使烟气中的水蒸气冷凝下来并释放潜热，可以使热效率提高到 100%以上（以低位发热量计算），通常比非冷凝式锅炉的热效率至少提高 10% ~ 12%。燃料为天然气时，烟气的露点温度一般在 55 °C 左右，所以当系统回水温度低于 50 °C，采用冷凝式锅炉可实现节能，同时在高寒地区需要考虑烟气露点温度变化对锅炉的影响。

7.3.5 在标准大气压下，真空锅炉安全稳定的最高供热温度为 85 °C。高寒地区的大气压力小于标准大气压，需要根据当地大气压力确定真空热水锅炉的最高用热温度。

7.3.6 常压热水锅炉的出水温度与当地的大气压力有关，在高海拔地区，其进出水温度与平原地区相比较低。

7.4 户式燃气炉和户式空气源热泵

7.4.1 户式燃气炉、户式空气源热泵等户式供暖系统在日本、韩国、美国普遍应用。户式供暖与集中燃气供暖相比，具有灵活、高效的特点，还可免去集中供暖管网损失及输送能耗。

户式空气源热泵能效受室外温湿度影响较大，同时还需要考虑系统的除霜要求和海拔高度影响。

户式燃气炉的选择应采用质量好、效率高、维护方便的产品。房间采用辐射供暖或风机盘管供暖时，宜采用冷凝式户式燃气炉。一般燃气炉排烟温度为 120°C 以上，对应的冷凝温度为 57°C；辐射供暖或风机盘管供暖系统可采用低于 50°C 的回水温度，为利用烟气冷凝热、发挥冷凝式壁挂炉的节能作用提供了条件。

7.4.2 强制性条文。引自《民用建筑供暖通风与空气调节设计规范》GB 50736－2012 强制性条文第 5.7.3 条。

7.4.4 与平原地区相比，高寒地区大气压力低，空气密度减小，空气中含氧量降低，标准型的户式燃气炉在高寒地区使用会出现燃烧速度降低，热出力减少，燃气燃烧不充分；一方面造成能量浪费，另一方面造成环境污染。

相关设备生产厂家的实验表明，通过增加喷嘴前压力，增加风机转速等适应性改造措施，经改造的燃气炉热效率可以达到88%以上。

从节能环保的目的出发，本条文规定高寒地区使用的户式燃气炉应进行高原适应性改造的要求，其在工程所在地的热效率应达到国家标准《家用燃气快速热水器和燃气采暖热水炉能效限定值及能效等级》GB 20665中的2级能效标准。

7.4.7 空气源热泵机组的制热量受室外空气温度、湿度和机组本身的融霜性能的影响，在高原地区还因空气密度变化造成热泵的换热能力降低，因此还需要考虑海拔高度的修正。设计时需向生产企业索要空气源热泵在设计工况的实际换热量，并据此进行设备选型。

7.5 太阳能集热/蓄热系统

7.5.1 引自《太阳能供热采暖工程技术规范》GB 50495－2009。从目前工程应用和产品制造来看，由于真空管型太阳能集热器易爆管，宜采用平板型太阳能集热器；槽式聚焦太阳能集热器具有集热效率高，单位采光面积有效集热量大，与平板型及真空管型太阳能集热器相比可以获得较高品位的热能。在需要高温热能的太阳能热利用系统及大型项目上推荐采用。

7.5.2 主动式太阳能供暖系统可采用液体工质集热器供暖系

统和空气集热器供暖系统两种。太阳能液体工质集热器供暖系统管道布置灵活，输送过程热损失小，系统热量的贮存和分配相对较容易，因此，推荐民用建筑宜采用太阳能液体工质集热器供暖系统。但在一些特殊建筑有特殊要求时（不能敷设水路系统），可采用太阳能空气集热器供暖系统。太阳能空气集热器供暖系统一般可应用于仅白天使用且要求不高的建筑中，当有蓄热系统时，也可在全天使用的建筑中应用，该系统运行管理方便，无冻结危险，但由于该系统一般具有风管、风机等系统设备，需要占据较大空间，同时对建筑立面的影响也较大，而且目前空气集热器的热性能相对较差，为减少热损失，提高系统效益，空气集热器离送热风点的距离不能太远，所以太阳能空气集热器供暖系统不适宜用于层数较多的建筑。

7.5.3 **1** 直接式太阳能集热系统中的工作介质是水，冬季气温低于 0 °C 时容易发生冻结现象，如果温度不是过低，处于低温状态的时间也不长，系统还可能再恢复正常工作，否则系统就可能被冻坏。高寒地区供暖期大部分时间室外气温低于 0 °C，因此，宜采用间接式太阳能集热系统，可使用防冻液工作介质，从而满足防冻要求。

2 太阳能集热系统管道应选用耐腐蚀和安装连接方便可靠的管材，可采用铜管、不锈钢管、塑料和金属复合管等。

7.5.4 **1** 太阳能集热器所获得的有效集热量受到地理纬度、集热器安装方位、安装倾角及气象条件等的影响，为此，编制组利用自编程序，根据集热器安装地点的地理位置与气象条件，进行了详尽的模拟计算。结果表明：四川省高寒地区最佳的朝向为 – 5° ~ +5°，最佳的安装倾角为 50° ~ 55°；为了不对建筑规划设计的限制过于严格，故编制组对集热器安装范围进行了适当扩展：集热器朝向在 - 20° ~ +20°的朝向范围内时，供暖季节有效集热量波动在 10%以内，且偏东对有效集热量影响较大；安装倾角选择在当地纬度 ~（当地纬度+25°）的范围内，供暖季节有效集热量波动在 15%以内。

2 如果系统中太阳能集热器的位置设置不当，受到前方障碍物或前排集热器的遮挡，不能保证太阳能集热器采光面上的太阳光照的话，系统的实际运行效果和经济性都会大受影响，所以，需要对放置在建筑外围护结构上太阳能集热器采光面上的日照时间作出规定，冬至日太阳高度角最低，接收太阳光照的条件最不利，规定此时集热器采光面上的日照时数不少于 4 h，是综合考虑系统运行效果和围护结构实际条件而提出的；由于冬至前后在早上 10 点之前和下午 2 点之后的太阳高度角较低，对应照射到集热器采光面上的太阳辐照度也较低，即该时段系统能够接收到的太阳能热量较少，对系统全天运行的工作效果影响不大；如果增加对日照时数的要求，则安装集热器的屋面面积要加大，在很多情况下不可行，所以，取冬至日日照时间 4 h 为最低要求。

除了保证太阳能集热器采光面上有足够的日照时间外，前、后排集热器之间还应留有足够的间距，以便于施工安装和维护操作；集热器应排列整齐有序，以免影响建筑立面的美观。

3 本款给出了某一时刻太阳能集热器不被前方障碍物遮挡阳光的日照间距计算公式。公式中的计算时刻应选冬至日（此时赤纬角 δ——23°57′）的 10：00 或 14：00；公式中的角 γ_0 和太阳方位角 α 及集热器的方位角 γ（集热器表面法线在水平面上的投影线与正南方向线之间的夹角，偏东为负，偏西为正）有如下关系，见图 8。

4 建筑物的变形缝是为避免因材料的热胀冷缩而破坏建筑物结构而设置，主体结构在伸缩缝、沉降缝、防震缝等变形缝两侧会发生相对位移，太阳能集热器如跨越建筑物变形缝易受到破坏，所以不应跨越变形缝设置。

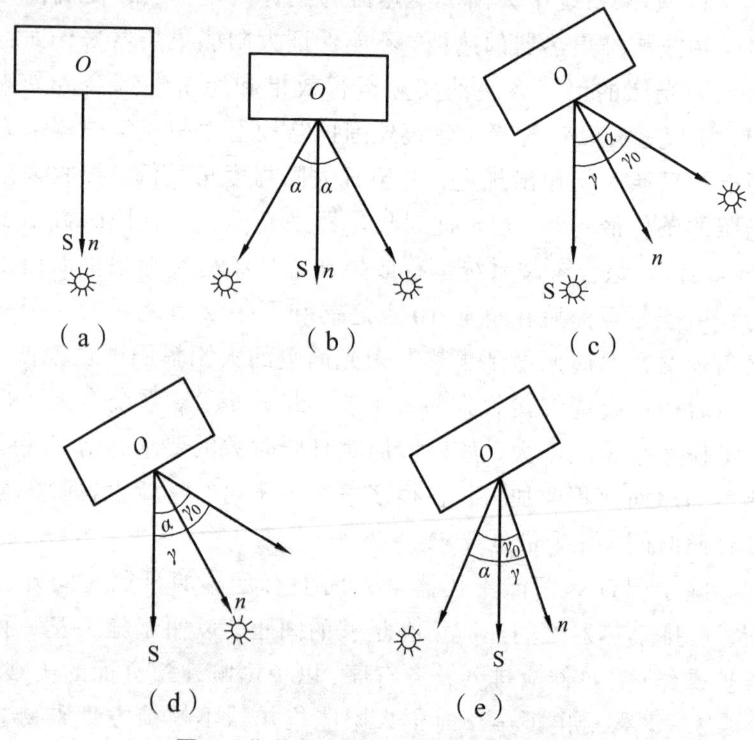

图 8　集热器朝向与太阳方位的关系

（a）$\gamma_0=0,\gamma=0,\alpha=0$（b）$\gamma_0=\alpha,\gamma=0$

（c）$\gamma_0=\alpha-\gamma$（d）$\gamma_0=\gamma-\alpha$

（e）$\gamma_0=\alpha+\gamma$

7.5.5 该简化计算方法是基于全年动态负荷计算并考虑系统初投资、能源价格以及运行费用等经济性条件后，经详细的技术经济计算分析获得的，适用于采用空气源热泵作为辅助热源的太阳能供暖系统设计计算，对于辅助热源不是空气源热泵或供暖负荷完全由太阳能提供的系统类型则不适用于该方法。

考虑换热温差造成的集热损失指的是，由于间接系统换热器两侧工质存在 1.5 °C ~ 2 °C 的换热端差，为了保证使用侧的用热品质，需提高集热侧的防冻液温度，由此造成的集热系统集热量下降。

间接系统的换热量是按照当地气象参数特征，根据所计算得到的倾斜面集热器单位面积逐时集热量确定的（如图 9 为红原地区集热器倾斜 40°时单位面积集热量）。确定的原则是保证太阳能集热器的集热量可由防冻液一侧经间接换热系统交换到水侧，不至于导致由于间接系统换热器换热不充分而升高防冻液温度，降低集热器效率。

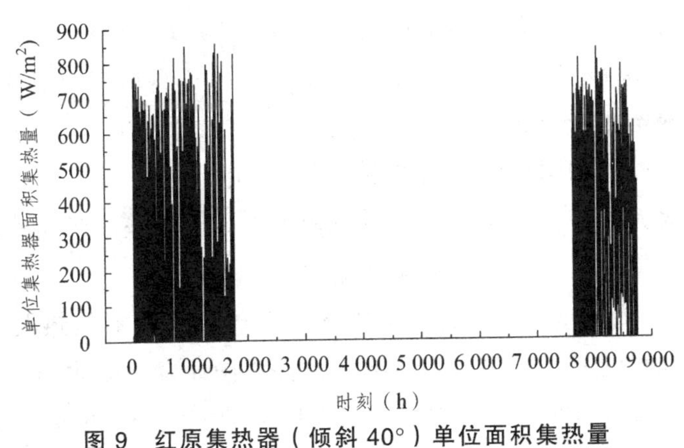

图 9 红原集热器（倾斜 40°）单位面积集热量

7.5.6 按 *Solar Engineering of Thermal Processes* 等国外资料，由于集热器的不清洁，集热器性能下降 1% ~ 5%。

7.5.7 **1** 本款规定了太阳能集热系统设计流量的计算公式。其中的计算参数 A 用式（7.5.5-1）或式（7.5.5-2）计算，而优化系统设计流量的关键是要合理确定太阳能集热器的单位面积流量。

2 太阳能集热器的单位面积流量 g 与太阳能集热器的特性和用途有关，对应集热器本身的热性能和不同的用途，单位面积流量 g 的选取值是不同的。国外企业的普遍做法是根据其产品的不同用途——供暖、供热水或加热泳池等，委托相关的权威性检测机构给出与产品热性能相对应、在不同用途运行工况下单位面积流量的合理选值，并列入企业产品样本，供用户选择，而我国企业目前对产品优化和性能检测的认识水平还不高，大部分企业的产品缺乏该项检测数据。因此，表 7.5.7 中给出的是根据国外企业产品性能，由《太阳能住宅供热综合系统设计手册》（*Solar Heating Systems for Houses, A Design Handbook for Solar Combisystems*）等国外资料总结的推荐值，可能并不完全与我国产品的性能相匹配，但目前国内较好企业的产品性能和国外产品的差别不大，引用国外推荐值应该不会产生太大的偏差。当然，今后应积极引导企业关注产品检测，逐渐积累我国自己的优化设计参数。

7.5.8 太阳能的特点之一是其不稳定性，太阳能集热器采光面上接收的太阳辐照度是随天气条件不同而发生变化的，所以在投资条件许可时，应积极提倡采用自动控制变流量运行太阳能集热系统，以提高集热流体的热品质和降低水泵能耗，提高系统效益。

7.5.9 高寒地区冬季室外环境温度大部分低于 0 °C，因系统工质冻结会造成对系统的破坏，因此，在这些地区使用的太阳能集热系统，应进行防冻设计。

1 本款给出了太阳能集热系统可采用的防冻措施类型和根据集热系统类型、供暖系统类型选择防冻措施的参照选择表。防冻措施包括：排空系统、防冻液系统。排空系统是指在可能发生工质被冻结情况时，可将全部工质全部排至水箱以防止冻害的系统；防冻液系统是指采用防冻液作为传热工质以防止冻害的系统。由于防冻液比热容小，输送同样的热量采用防冻液比采用水的容量更大，增加管道和水箱的投资，因此直接系统不宜采用防冻液，间接系统两种防冻方式均可采用。大中型系统由于水容量太大，不宜采用排空系统，一般采用防冻液的间接系统。高寒地区冬季夜间温度较低，一般低于 0 °C，若夜间使用的系统仍采用直接系统，排空防冻方式会影响整个供暖系统的正常运行，因此，仅白天使用的小型系统才可采用直接系统。

2 为保证采用排空方式防冻的太阳能集热系统的正常工作，规定系统运行应采用自动控制。

7.5.10 蓄热容积过大会造成水箱温度明显低于设计供水温度，系统需长时间启动辅助热源进行供热，降低了系统的节能性；蓄热容积过小则会造成集热器回水温度偏高，降低集热器的集热量，同样会降低系统的节能性。本标准以太阳能供暖系统的能流平衡关系为约束条件，蓄热系统容积为优化决策变量，辅助热源全年能耗最低为优化目标函数，对典型地区进行了计算分析，获得了典型地区蓄热容积的推荐值。

7.5.11 **1** 高寒地区太阳能供暖系统中主要应用两种蓄热系统：液体工质集热器短期蓄热系统和空气集热器短期蓄热系统，太阳能集热系统形式、系统性能、系统投资、供暖负荷和太阳能保证率是影响蓄热系统选型的主要影响因素，在进行蓄热系统选型时，应通过对上述影响因素的综合技术经济分析，合理选取与工程具体条件最为适宜的系统。

2 高寒地区推荐采用单体建筑供暖方式，季节蓄热太阳能液体工质集热器供暖系统的设备容量较大，需要较大的机房面积，投资比较高，只应用于单体建筑的综合效益较差，所以更适用于较大建筑面积的区域供暖。为提高系统的经济性，对单体建筑的供暖，采用短期蓄热太阳能液态工质集热器供暖系统较为适宜；

3 目前太阳能供暖系统的蓄热方式共有 5 种——贮热水箱、地下水池、土壤埋管、卵石堆和相变材料。表 7.5.11 给出了与蓄热系统相对应和匹配的蓄热方式，决定该对应关系的主要因素是系统的工作介质和蓄热周期，其中，相变材料蓄热方式目前的实际应用较少，但考虑到这是太阳能应用长期以来一直关注的一种重要蓄热方式，近年来也不断有运用相变原理的新型材料被开发应用，所以，仍将其列入选项。

对应于同一蓄热系统形式，有两种以上可选择的蓄热方式时，应根据实际工程的投资规模和当地的地质、水文、土壤条件及使用要求综合分析确定。

4 蓄热水池中的水温较高，会发生烫伤等安全隐患，不能同时用作灭火的消防用水。

7.5.12 **1** 贮热水箱内的热水存在温度梯度，水箱顶部的水温高于底部水温；为提高太阳能集热系统的效率，从贮热水箱向太阳能集热系统的供水温度应较低，所以，该条供水管的接管位置应在水箱底部；根据具体工程不同供水温度的要求，应在贮热水箱相对应适宜的温度层位置接管，以实现系统对不同温度的供热/换热需求，提高系统的总效率。

2 如果贮热水箱接管处的流速过高，会对水箱中的水造成扰动，影响水箱的水温分层，所以，水箱进、出口处的流速应尽量降低。国外的部分工程经验，该处的流速远低于0.04 m/s，但太低的流速会过分加大接管管径，特别对循环流量较大的大系统，在具体取值时需要综合考虑权衡，这里规定的 0.04 m/s 是最高限值，必须在接管处采取措施使流速低于限值。

3 地下水池的槽体结构、保温结构和防水结构的设计在相关国家标准、规范中已有规定，参照执行即可。

4 保温设计在相关国家标准中已有规定，可参照执行。

8　检测与监控

8.1　一般规定

8.1.1　引自《民用建筑供暖通风与空气调节设计规范》GB 50736－2012，增加“设备故障报警”的要求。

8.1.5　部分强制性条文。引自《民用建筑供暖通风与空气调节设计规范》GB 50736－2012 强制性条文第 9.1.5 条。

一次能源/资源的消耗量均应计量。此外，在热源进行耗电量计量有助于分析能耗构成，寻找节能途径，选择和采取节能措施。循环水泵耗电量不仅是热源系统能耗的一部分，而且也反映出输送系统的用能效率，对于额定功率较大的设备宜单独设置电计量。

8.4　供暖系统的检测与监控

8.4.1　《锅炉房设计规范》GB 50041 对热水锅炉的监测与控制有详细描述，本标准不再重复，强调执行该现行规范。

8.4.2　热泵机组应设置的检测点，为最低要求。设计时应根据系统设置加以确定。

8.4.3　许多工程采用的是总回水温度来控制，但由于热泵机组的最高效率点通常位于该机组的某一部分负荷区域，因此采用热量控制的方式比采用温度控制的方式更有利于热泵机组在高效率区域运行而节能，是目前最合理和节能的控制方式。但是，由于计量热量的元器件和设备价格较高，因此推荐在有条件时（如采用了 DDC 控制系统时），优先采用此方式。同时，台数控制的基本原则是：① 让设备尽可能处于高效运行；② 让相同型号的设备的运行时间尽量接近以保持其同样的运行寿命（通常优先启动累计运行小时数最少的设备）；③ 满足用户侧低负荷运行的需求。

由于热泵机组运行时，一定要保证它的蒸发器和冷凝器有足够的水量/风量通过，为达到这一目的，热泵机组水系统中其他设备，包括蒸发器侧水泵/风机、冷凝器侧水泵/风机等应先于热泵机组开机运行，停机则应按相反顺序进行。

8.4.5 太阳能供暖系统的热源是不稳定的太阳能，系统中又设有常规能源辅助加热设备，为保证系统的节能效益，系统运行最重要的原则是优先使用太阳能，这就需要通过相应的控制手段来实现。太阳辐照和天气条件在短时间内发生的剧烈变化，几乎不可能通过手动控制来实现调节；因此，应设置自动控制系统，保证系统的安全、稳定运行，以达到预期的节能效益。同时，规定了自动控制的功能应包括对太阳能集热系统的运行控制和安全防护控制、集热系统和辅助热源设备的工作切换控制、太阳能集热系统安全防护控制的功能应包括防冻保护和防过热保护。

目前我国大部分物业管理公司的设备运行和管理人员，其技能普遍不高，如果控制方式过于复杂，使设备运行管理人员不易掌握，就会严重影响系统的运行效果，所以，自动控制系统的设计应简便、可靠、利于操作。

8.4.7 强制性条文。引自《太阳能供热采暖工程技术规范》GB 50495－2009 强制性条文第 3.6.3（4）条。

当发生系统过热安全阀必须开启时，系统中的高温水或蒸汽会通过安全阀外泄，安全阀的设置位置不当，或没有配备相应措施，有可能会危及周围人员的人身安全，必须在设计时着重考虑。例如，可将安全阀设置在已引入设备机房的系统管路上，并通过管路将外泄高温水或蒸汽排至机房地漏；安全阀只能在室外系统管路上设置时，通过管路将外泄高温水或蒸汽排至就近的雨水口等。

8.4.8 1 排空防冻措施是指将全部工作介质从安装在室外的太阳能集热系统排至设于室内的贮水箱内，以防止冻结现象发生；所以，当水温降低到某一定值——防冻执行温度时，就应通过自动控制启动排空措施，防止水温继续下降至 0 °C 产生冻结，影响系统安全。防冻执行温度的范围通常取 3 °C～5 °C，视当地的气候条件和系统大小确定具体选值，气温偏低地区取高值，否则，取低值。当太阳能集热系统仅白天使用时，也可设置定时控制，在非工作时间段内启动排空措施防止冻结。

2 贮热水箱中的水一般是直接供给供暖末端系统的，所以，防过热措施应更严格。过热防护系统的工作思路是：当发生水箱过热时，不允许集热系统采集的热量再进入水箱，避免供给末端系统的水过热，此时多余的热量由集热系统承担；集热系统安装在户外，当集热系统也发生过热时，因集热系统中的工质沸腾造成人身伤害的危险稍小，而且容易采取其他措施散热。

因此，水箱防过热执行温度的设定更严格，应低于当地汽化温度且不高于 80 °C，水箱顶部温度最高，防过热温度传感器应设置在贮热水箱顶部；而集热系统中的防过热执行温度则根据系统的常规工作压力，设定较为宽泛的范围，一般常用的范围是 95 °C ~ 120 °C，当介质温度超过了安全上限，可能发生危险时，用开启安全阀泄压的方式保证安全。

8. 4. 9 我国正在加快推进供暖热计量和供暖收费改革，太阳能供暖作为一项节能新技术进入供暖市场，更应积极响应国家政策要求，所以，凡是有条件的工程宜在系统中设计安装用于系统能耗监测的计量装置。

8. 4. 10 强制性条文。引自《民用建筑供暖通风与空气调节设计规范》GB 50736－2012 强制性条文第 8.11.14 条。

本条文对锅炉房、热泵机房、换热机房等热源机房的节能控制提出明确要求。供热量控制装置的主要目的是对供暖系统进行总体调节，使供水水温或流量等参数在保持室内温度的前提下，随室外空气温度的变化随时进行调整，始终保持锅炉房或换热机房的供热量与建筑物的需热量基本一致，实现按需供热，达到最佳的运行效率和最稳定的供热质量。

气候补偿器是供暖热源常用的供热量控制装置，设置气候补偿器后，还可以通过在时间控制器上设定不同时间段的不同室温，节省供热量，合理确定供水温度。通过合理降低锅炉及空气源热泵的供水温度，有利于提高设备能效，达到节能的目的，对锅炉而言，还需兼顾回水温度的控制，防止回水温度过低减少锅炉寿命。

由于不同企业生产的气候补偿器的功能和控制方法不完全相同，但必须具有能根据室外空气温度变化自动改变用户侧供（回）水温度、对热媒进行质调节的基本功能。

8.4.11 **1** 对供暖系统应设置的检测点，为最低要求。设计时应根据系统设置加以确定。

3 水泵运行台数及变速控制。

二级泵和多级泵空调水系统中二级泵等负荷侧各级水泵运行台数宜采用流量控制方式；水泵变速宜根据系统压差变化控制，系统压差测点宜设在最不利环路干管靠近末端处;负荷侧多级泵变速宜根据用户侧压差变化控制，压差测点宜设在用户侧支管靠近末端处。

4 集中监控系统与热泵机组或锅炉控制器之间的通信要求。

热泵机组或锅炉控制器通信接口的设立，可使集中监控系统的中央主机系统能够监控热泵机组或锅炉的运行参数以及使供暖系统能量管理更加合理。

8.4.12 室温调控是实现节能，保证室内热舒适要求的必要条件。通过自力式温控阀、电动二通阀的方式均可实现室温调控。当条件有限时，也可采取风机盘管调速、手动阀调节水量来实现室温调控。